やさしいイラストで
しっかりわかる

火山のきほん

マグマってなんだろう? 噴火はなぜ起きる?
地球の活動を読み解く火山の話

下司信夫 著　斎藤雨梟 絵

はじめに

　真っ赤な溶岩のしぶきをまき散らし、空高く雄大な噴煙を吹き上げる火山噴火は、わたしたちが住む地球がまさに生きていることを教えてくれます。日本でも世界各地でも、古代から活火山は神様として祀《まつ》られそして畏《おそ》れられてきました。それは、ひとびとが火山噴火から底知れない自然の力を感じてきたからに違いありません。そして現在を生きる私たちも同じです。なぜ地球の中で真っ赤に融けたマグマがつくられ、どのように地上に噴出するのでしょう？　どうして、頻繁に噴火している火山と、活動を休んでいるように見える火山があるのでしょう？　地球の活動は、ふしぎに満ちています。

　火山のしくみを調べていくと、火山噴火は地球全体の活動と結びついていることに気づきます。火山を調べることによって、地球という惑星の活動をうかがい知ることができるのです。日本列島には100を超える活火山があります。皆さんの住んでいる地域には、身近な火山があるでしょうか？　ふるさとの名山として知られている火山を毎日眺めている人もいれば、そうした火山の恵みである温泉を楽しんでいる人もいるかもしれません。いまは火山が見られない土地でも、注意深く見ると大昔の火山活動の痕跡を見つけることができるかもしれません。この本がそうした火山のふしぎを見つけ、そこから私たちが住む地球の活動をのぞくきっかけになってくれればと思います。

もちろん、火山を考えるときには火山災害のことを避けて通ることはできません。火山噴火が持つ強大なエネルギーは、ときには大きな災害を引き起こしました。ひとたび火山が荒ぶれば私たち人間が立ち向かうすべはありません。火山噴火による被害を減らしていくためには、火山のしくみを理解して、噴火しているときはもちろん、噴火をしていないときであっても火山の状況に応じて適切な行動をすることが求められます。そのためには、噴火をしていないおだやかな火山を見ても、それがひとたび目覚めたときの活動を想像できる力が必要です。そうした自然の営みに関する知識や経験のつみ重ねは、火山噴火だけではなく地震や風水害も含めたさまざまな自然災害にも応用できます。火山について考えることを通して自然に対する想像力と防災力を身につけてもらえればと思います。

2023 年 8 月　　下司信夫

もくじ

Chapter 3
火山の噴火

Chapter 4
火山の種類と形

Chapter 5
火山の噴出物

Chapter 6
噴火と環境

Chapter 7
火山の研究

Chapter 1

火山のできる場所

01

“火山”ってどんな山？

マグマが地下から地表に噴出するしくみを火山とよんでいます。地表につくられる火山の高まりや噴火口といった地形だけでなく、火山にマグマを運んでくるマグマ溜まりや火道《かどう》、あるいはマグマの熱によって温められた高温の地下水系も含めて火山とみなします。

火山という言葉で想像するのは、富士山のような高い山でしょう。噴出したマグマが火口の近傍に繰り返し堆積して、地形的な高まりができます。しかし、本当に巨大な噴火は目立つ山をつくりません。巨大火砕流噴火とよばれる、富士山まるごとぐらいの量のマグマを一度に噴出する巨大噴火が起こると、爆発で粉々になったマグマは火砕流や噴煙となり火口から広い範囲に堆積するので、火口の周辺には堆積物が積み上がった高まりがほとんどできません。むしろ空洞になった地下のマグマ溜まりが崩壊してカルデラとよばれる巨大な窪地《くぼち》をつくります。

火山の地下には、マグマを地下深部から火口まで上昇・輸送させるマグマの“配管”が発達しています。多くの火山では、地下深部から上昇してきたマグマは密度が釣り合う地殻内部で滞留し、マグマ溜まりをつくっていると考えられます。マグマ溜まりの規模や数、位置などの構造は火山の下の地盤の構造や、マグマがどれぐらいたくさんつくられているかによってさまざまであると考えられていますが、その実態はよくわかっていません。そのマグマ溜まりから火山の噴火口までマグマが上昇する通路を火道とよびます。

高温のマグマやそれから分離した火山ガスによって温められた地下水は熱水となって火山の内部を循環します。加圧した熱水が地表に噴出すると急激に沸騰して水蒸気爆発を引き起こすことがあります。こうした熱水の循環系もまた火山に付随する地下のシステムです。

山の部分だけが
火山じゃないん
だね～
火竜ちゃん
火山が大好き
地下深くからマグマが
上がってくるところからが
火山なんだよ
火山くん
この本の主役です

02

火山のできる場所

火山は地球が生きているあかし

わたしたちが肉眼で見ることができる火星や月など太陽系のほかの惑星や衛星にも火山が見つかっていますが、そのほとんどははるか昔に活動を終えてしまっています。マグマを噴き出す活発な火山活動が続いていることが確実な天体は、太陽系ではいまのところ地球のほかには木星の衛星のイオだけです。

地球の内部に蓄積されている熱エネルギーが、火山噴火を始めとする地球の活動の源です。およそ46億年前に無数の小さな天体が衝突・集積して地球ができたときの衝突エネルギーや、そのとき地球内部に取り込まれた放射性元素が崩壊するときに発生する熱が地球内部の熱エネルギーの源になっています。地球と同じようにおもに岩石からできている月や火星もそのような熱エネルギーを持っていて、誕生から間もないころは活発な火山活動を繰り広げていました。しかし地球よりも小さな月や火星は火山活動を駆動できるだけの熱エネルギーをすでに失ってしまったのだと考えられています。金星は地球と同じぐらいの大きさの惑星で、その表面にも火山地形が多数見つかっています。その一部は現在も活動している可能性がありますが、地球のように多くの火山活動があるわけではなさそうです。

地球にだけなぜ活発な火山活動があるのか、それには天体の大きさだけではなく表面を覆う豊富な水の存在も重要な役割をはたしているようです。中央海嶺でプレートが生まれ、それがふたたび地球内部に沈み込むことによる地球内部での物質と水の循環がマグマをつくり出し、絶え間ない火山活動を引き起こしているのです。さっそく、地球に見られる火山のふしぎを見てみましょう。

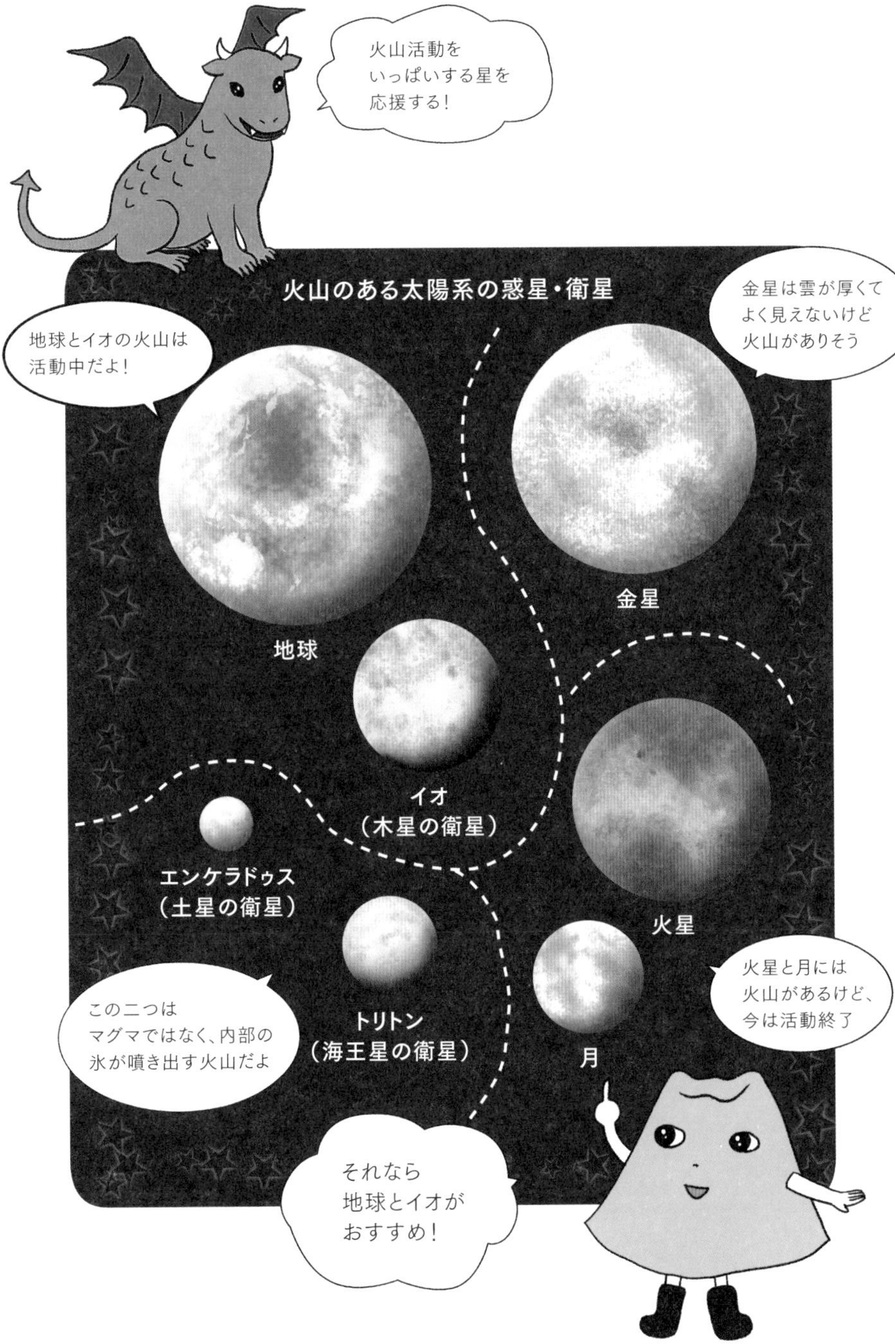
火山活動を
いっぱいする星を
応援する!
火山のある太陽系の惑星・衛星
地球とイオの火山は
活動中だよ!
金星は雲が厚くて
よく見えないけど
火山がありそう
地球
金星
イオ
(木星の衛星)
エンケラドゥス
(土星の衛星)
トリトン
(海王星の衛星)
火星
月
この二つは
マグマではなく、内部の
氷が噴き出す火山だよ
火星と月には
火山があるけど、
今は活動終了
それなら
地球とイオが
おすすめ!

マグマはどこでできる?

地球は半径約 6400 km の球体です。そのうち、地表から約 2900 km までを構成する地殻とマントルは、ケイ酸塩とよばれる固体の物質、いわゆる「岩石」でできています。それより深い地球の中心部は核とよばれ、おもに鉄とニッケルからなる金属でできていると考えられています。

地球内部の温度は深さとともに上昇します。地下 100 km 程度のマントル最上部の温度は約 1300 ℃、マントルと核の境界部で約 2300 ～ 3300 ℃、地球中心部で約 5500 ℃に達すると推測されています。このように地球の内部は高温ですが、高い圧力がかかっているため物質は固体の状態を保つことができます。地球の裏側から地殻やマントルを通って伝わってくる地震波を詳しく解析すると、地殻やマントルはほぼすべて固体でできていて、液体のマグマが存在するところはごく限られていることがわかります。いっぽう、外核とよばれる深さ 2900 ～ 5100 km ぐらいまでの金属でできた核は融けて流動しています。さらに地中の中心部にある内核は固体でできています。

地殻やマントルの岩石がどのような条件で溶融してどのようなマグマができるのかを解き明かすため、実際にマントルの岩石を高温高圧にして溶融させる実験が行われています。その結果、普通のマントルの温度・圧力条件ではマントルの岩石は融けないことがわかりました。マントルの岩石を溶融させてマグマをつくるためには、マントルをつくる岩石を加熱して温度を通常の条件よりもさらに上げるか、マントルの岩石を地表に向けて上昇させて岩石にかかる圧力を下げるか、または水などの成分を加えることによって岩石の溶ける温度を下げる必要があります。つまり、地球の中でもこのような条件を満たす特別な場所でだけ、マグマがつくられ火山活動を引き起こしているのです。

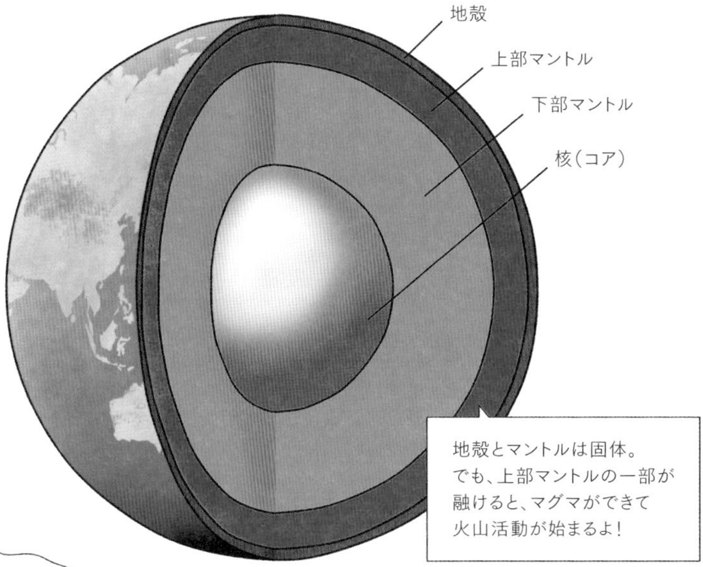
地殻
上部マントル
下部マントル
核（コア）
地殻とマントルは固体。
でも、上部マントルの一部が
融けると、マグマができて
火山活動が始まるよ！

地球の中身は、
成分も温度も違う
層になっているよ！
へーえ、そうなんだ。
この間つくった
新作お菓子に
そっくりじゃない？
焼きたてパイ
プリン
パリパリチョコ
いちごアイス
九尾のきつね特製
温泉パイ
う〜ん、近いような
ちょっと違うような
おいしそうだけど……
九尾のきつねさん
火山の近くの温泉に住んでいる

04

火山のできる場所

マグマを生み出す プレートテクトニクス

地球表面のプレートの動きによって地球に起こるさまざまな活動を説明する考え方がプレートテクトニクスです。固体の岩石も高温状態では長い時間をかけると流れることができます。でも、地球表面から数 10 km から 100 km ぐらいまでの岩石は温度が低いので流れにくく、かたい岩盤となっています。この地表付近のかたい岩石からできた層をプレートとよびます。それより深いところのマントルをつくる岩石は温度が高いために、長い時間をかけてゆっくりと流れています。地球表面を覆うプレートはだいたい 10 数枚にわかれていて、それぞれがその下のマントルの流れに乗って移動しています。

二つのプレートが次第に離れるような動きをしている中央海嶺などの場所では、その隙間を埋めるように深部からマントルが上昇しています。

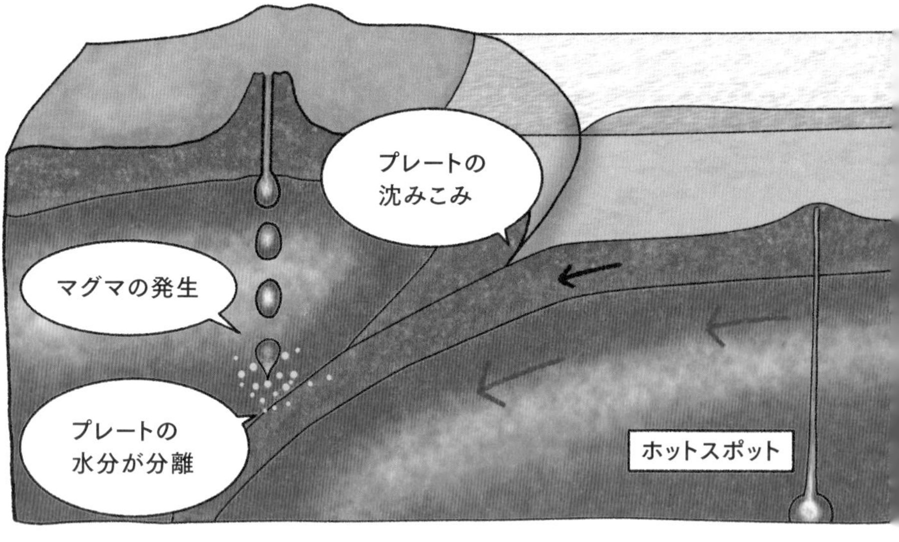

マントルが地表近くまで上昇するとマントルの岩石にかかる圧力が低下するので岩石が部分的に融解してマグマが発生し、それが火山活動を起こします。中央海嶺は全世界のマグマの大部分を生み出す巨大な火山なのです。

二つのプレートがぶつかるような動きをしているところでは、海底をつくる密度の大きなプレートはマントルの中に沈み込みます。このときプレートにしみこんだ水もプレートと一緒にマントルの中に沈んでいきます。沈み込むプレートが次第に高温・高圧にさらされるとプレートに含まれる水が分離します。こうして分離した水がまわりのマントルを構成する岩石に加わると岩石の融点が下がり、部分溶融を起こしてマグマができます。こうしてできたマグマが上昇・噴出すると海溝に平行した火山活動が生じます。冷たい海洋プレートの沈み込みによって熱い火山活動が起きるのはちょっとふしぎな感じがします。

核とマントルの境界付近から高温のマントルの岩石が上昇してくるホットスポットとよばれる場所では、上昇してきたマントルを構成する岩石の減圧により大量のマグマが発生しています。ハワイなどのプレートの中にある火山はこうしたホットスポットの火山です。

05

地球でマグマが生まれる場所

　地球上でマグマができる場所はおもに三つあります。一つ目は中央海嶺です。ここでは両側のプレートが次第に離れるような動きをしていて、その隙間を埋めるように深部からマントルが上昇し、その一部が溶融し

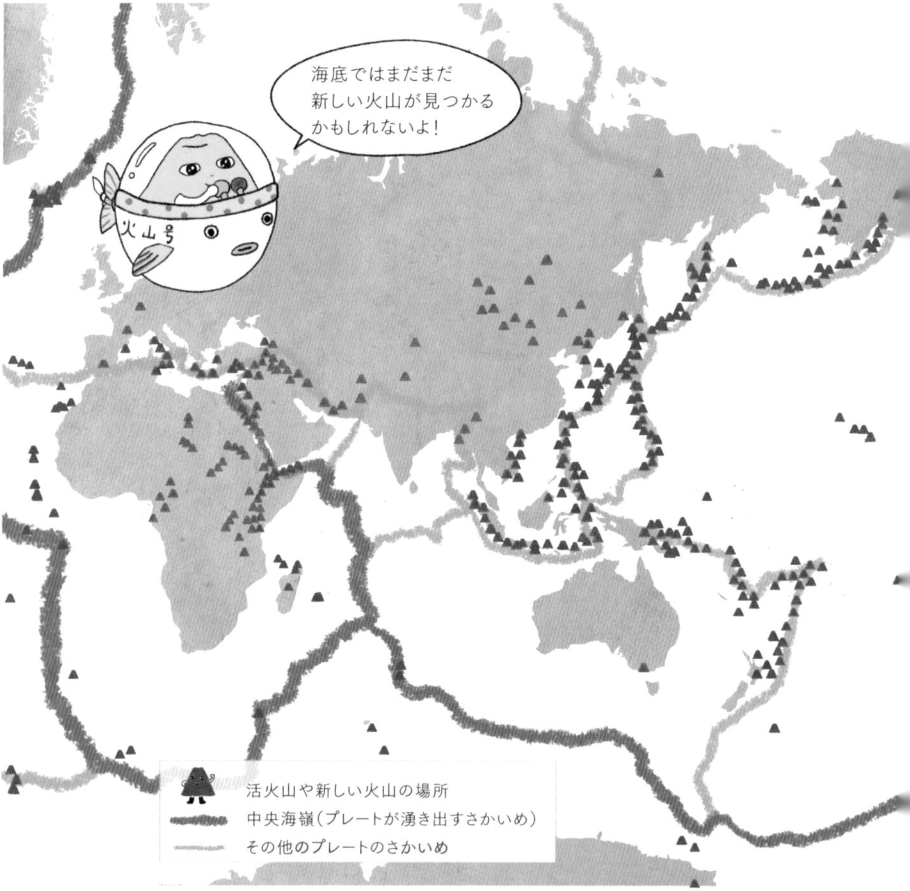

て大量のマグマが発生しています。深海底にあるのでなかなかその噴火活動を見ることはできませんが、中央海嶺は全世界のマグマの大部分を生み出す巨大な火山なのです。大西洋の中央を南北にのびる海嶺の一部が北大西洋のアイスランドでは陸上に顔を出していて、活発な噴火を繰り返していることで知られています。

マグマのできる二つ目の場所は、海洋プレートがマントルの中に沈み込む海溝沿いです。太平洋の海底をつくるいくつかの海洋プレートは、太平洋の縁にそってのびる海溝から沈み込んでいます。そのため、太平洋を囲むように活発な火山活動が見られます。これは環太平洋火山帯とよばれることもあります。日本列島の火山もその一部です。太平洋以外でも、海洋プレートが沈み込むところには火山があります。インド洋のプレートが沈み込むインドネシアのジャワ島からスマトラ島にかけてや、地中海のプレートが沈み込むギリシャ・イタリア、大西洋のプレートが沈み込むカリブ海の島々にも活発な火山があります。プレートの沈み込み帯は、火山活動だけではなく巨大な地震も頻発する場所です。

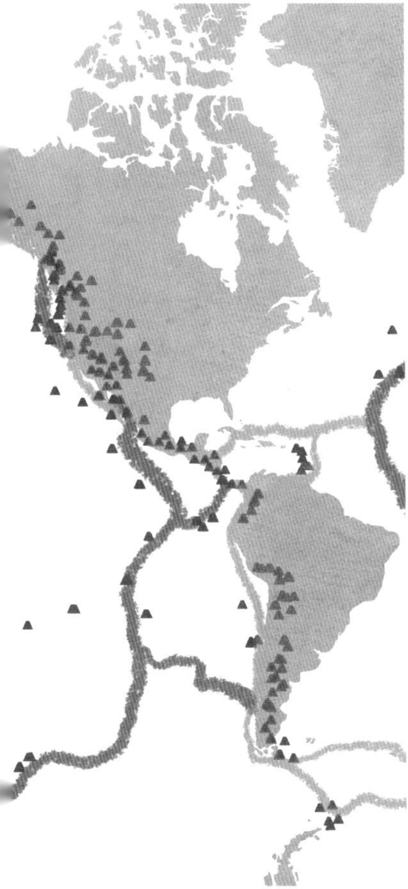

三つ目のマグマができる場所は、高温のマントルが地下深くから上昇してくるホットスポットとよばれる場所です。太平洋の真ん中にあるハワイ諸島はそうしたホットスポットの火山です。世界最大級のカルデラ火山といわれる北米のイエローストーンも、大陸の中に噴き出したホットスポットの火山です。

西と東に分かれる日本の火山

日本列島の火山活動を起こしているマグマのほとんどは、プレートの沈み込みによってつくられています。日本列島には二つのプレートが沈み込んでいます。一つは太平洋の海底をつくる太平洋プレートで、日本海溝から西に向かって、北海道から東北地方、関東地方から伊豆小笠原諸島の下に沈み込んでいます。もう一つは日本列島の南側の海底をつくるフィリピン海プレートで、西日本の南側に沿って走る南海トラフや琉球海溝から北西方向の西日本や九州・沖縄の下に沈み込んでいます。これらの二つのプレートの沈み込みによって、東日本と西日本の二つの地域で火山活動が起きているのです。

東日本で起きる火山活動のうち、関東地方から中部地方にかけての火山活動は複雑です。この地域の火山活動は太平洋プレートの沈み込みによって生じたマグマが引き起こしているのですが、伊豆諸島や小笠原諸島を載せているフィリピン海プレートもまた日本列島に向かって沈み込んでいます。そのため、関東地方から中部地方にかけては二枚のプレートが重なり合って沈み込む、世界でもまれな構造を持っています。

さらに、西日本の日本海・東シナ海側から朝鮮半島・中国大陸にかけても数は少ないですが火山活動が分布しています。これらの火山活動は、太平洋プレートの沈み込みにともない大陸側で上昇するマントルの活動によって引き起こされていると考えられています。

こうした複数のプレートの位置関係は、地質時代を通して次第に変化しています。そのため、現在は火山活動が見られない地域でも古い地質時代の火山噴出物が見られる地域もあります。火山活動の分布もまた地球の活動を反映して時代とともに移り変わっているのです。

日本の火山って
グループに分かれてる
みたいだね
うん、プレートや
沈み込みの場所と
関係があるから
見てみて！
西の活火山
で〜す
東の活火山
だよ〜
これは火山のほんの一部。
くわしい活火山の場所は
次のページにあるよ
北米プレート
ユーラシアプレート
太平洋プレート
フィリピン海プレート

日本のおもな活火山とプレート

日本には111の活火山がある

だいたい1万年よりも最近に噴火したことがある火山を活火山といいます。日本とその周辺には111の活火山があるとされています。

日本は火山国といわれますが、火山の分布はかたよっています。東日本の活火山は、太平洋プレートが沈み込む千島海溝・日本海溝・伊豆小笠原海溝に平行に分布しています。西日本には、九州から沖縄にかけて活火山が並んでいます。これは、琉球海溝から沈み込むフィリピン海プレートが引き起こす火山活動です。近畿地方とその周辺には、活火山がない地帯が広がっています。あなたが住んでいる場所の近くには、どんな活火山がありますか？

琉球諸島

110 硫黄鳥島
111 西表島北北東海底火山

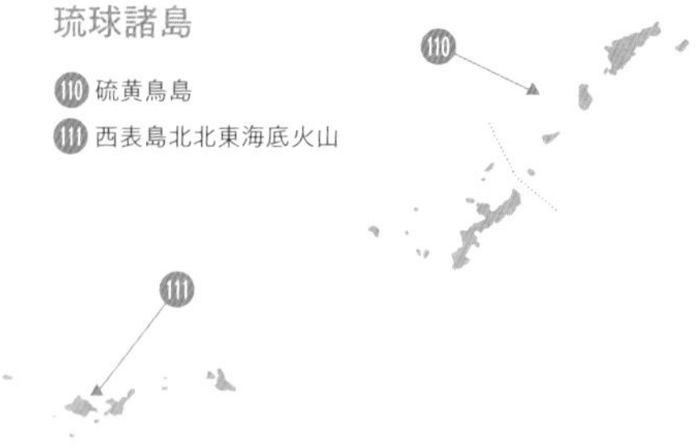

91 三瓶山
92 阿武火山群
93 鶴見岳・伽藍岳
94 由布岳
95 九重山
96 阿蘇山
97 雲仙岳
98 福江火山群
99 霧島山
100 米丸・住吉池
101 若尊
102 桜島
103 池田・山川
104 開聞岳
105 薩摩硫黄島
106 口永良部島
107 口之島
108 中之島
109 諏訪之瀬島

1 茂世路岳
2 散布山
3 指臼岳
4 小田萌山
5 択捉焼山
6 択捉阿登佐岳
7 ベルタルベ山
8 ルルイ岳
9 爺爺岳
10 羅臼山
11 泊山
12 知床硫黄山
13 羅臼岳
14 天頂山
15 摩周
16 アトサヌプリ
17 雄阿寒岳
18 雌阿寒岳
19 丸山
20 大雪山
21 十勝岳
22 利尻山
23 樽前山
24 恵庭岳
25 倶多楽
26 有珠山
27 羊蹄山
28 ニセコ
29 北海道駒ヶ岳
30 恵山
31 渡島大島

32 恐山
33 岩木山
34 八甲田山
35 十和田
36 秋田焼山
37 八幡平
38 岩手山
39 秋田駒ヶ岳
40 鳥海山
41 栗駒山
42 鳴子
43 肘折
44 蔵王山
45 吾妻山
46 安達太良山
47 磐梯山
48 沼沢
49 燧ヶ岳
50 那須岳
51 高原山
52 日光白根山
53 男体山
54 赤城山
55 榛名山
56 草津白根山
57 浅間山
58 横岳
59 新潟焼山
60 妙高山
61 弥陀ヶ原
62 焼岳
63 アカンダナ山
64 乗鞍岳
65 御嶽山
66 白山
67 富士山
68 箱根山
69 伊豆東部火山群

70 伊豆大島
71 利島
72 新島
73 神津島
74 三宅島
75 御蔵島
76 八丈島
77 青ヶ島
78 ベヨネース列岩
79 須美寿島
80 伊豆鳥島
81 孀婦岩

小笠原諸島

82 西之島
83 海形海山
84 海徳海山
85 噴火浅根
86 硫黄島
87 北福徳堆
88 福徳岡ノ場
89 南日吉海山
90 日光海山

08

中央海嶺は
地球最大の火山帯

深海底にある中央海嶺は、地球上で最も大きな火山システムです。中央海嶺は世界の深海底をつなぐ総延長約7万kmを超える火山帯で、地球上で噴出するマグマのおよそ8割がこの深海底に分布する中央海嶺で生産されています。中央海嶺では引き裂かれるプレートの間でマントルが上昇し、圧力が下がって固体の物質の一部が融け始める減圧融解により大量のマグマが発生します。しかし、中央海嶺の噴火活動は深さ数1000mを超える深海底で起きているので、その火山活動は海面上にほとんど影響を与えません。地球上で最も巨大な火山は、人知れず深海底で活動を繰り返しているのです。

中央海嶺の中でも最も活動的な場所は太平洋の東部にある東太平洋海膨とよばれる中央海嶺で、ここでの火山活動でつくられた海洋地殻は2億年程度で太平洋の深海底をすべて埋めつくすほどの量があります。また、大西洋の中央をほぼ南北に走る大西洋中央海嶺は、全世界の大陸が一つにまとまっていた超大陸パンゲアが約2億年前に分裂するときから活動を始め、現在でも年間約4cmの割合で大西洋を拡大させています。

中央海嶺のほとんどは深海底にあるので直接目にすることはむずかしいのですが、中央海嶺が陸上に現れている数少ない場所の一つがアイスランドです。アイスランドは大西洋の中央を南北に走る大西洋中央海嶺の一部がホットスポットと重なることによって海面上に現れています。アイスランドは世界でも有数の火山国で、数多くの活発な火山が分布することで知られています。深海底の中央海嶺の火山と同じように、マントルでつくられた玄武岩マグマ（p.34）が割れ目噴火を繰り返し、アイスランド全体は年間数cmの割合で東西に拡大し続けています。

海
海の底でよく見えないし
静かだけど、これも火山？
中央海嶺
プレートの動き
マグマの上昇
うん、地球をぐるっと一周する、
地球一大きな火山だよ！
中央海嶺
地球から海水をとったら
こんな感じかな？

09

火山のできる場所

大地を引き裂く マグマの活動

引き裂かれるプレートの間でマントルが上昇し減圧融解により大量のマグマが発生するのは、深海底にある中央海嶺だけではありません。ときには大陸の下でマントルが上昇することによってマグマがつくられることがあります。インド洋の中央海嶺の一つは北西に伸びてアラビア半島とアフリカ大陸の間にある細長い海である紅海に続いています。もともとアラビア半島とアフリカ大陸は一続きでしたが、マントル上昇流によりつくられたマグマがつぎつぎと貫入し、ついには新しい海洋地殻をつくり出しました。こうしてアフリカ大陸の一部は切り離されてアラビア半島になりました。紅海にのびる中央海嶺はさらに枝分かれし、南にのびるものはアフリカ大陸の東部の大地溝帯につながります。大地溝帯もまた､アフリカ大陸の東側の一部を切り離そうとする活動の表れです。

プレートテクトニクスによって大陸が移動を続けると、やがて大陸は地球の一カ所にまとまって大きな超大陸をつくります。すると、地球内部からの熱の移動が妨げられるため、超大陸は再び分裂を開始します。このとき、大陸の下で発生するマントル上昇流により、活発なマグマの生産と大陸地殻への貫入・噴火が発生して地溝帯をつくります。そして繰り返す割れ目噴火により、大陸地殻は切り開かれ、やがて地溝帯に海が侵入して紅海のような新たな海がつくられます。大西洋は、ユーラシア大陸と北米大陸、アフリカ大陸と南米大陸の間にできた大きな“割れ目”が広がったものです。大西洋の両側の大陸の縁には、大陸の割れ目に沿って無数の岩脈が貫入しています。これは、人西洋が開き始めるときに起こった大規模なマグマ活動の痕跡です。

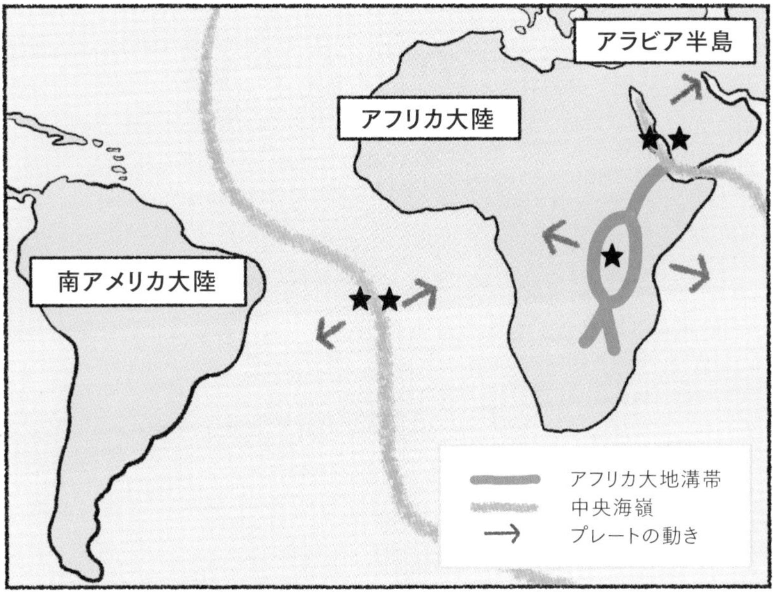
アラビア半島
アフリカ大陸
南アメリカ大陸
アフリカ大地溝帯
中央海嶺
プレートの動き

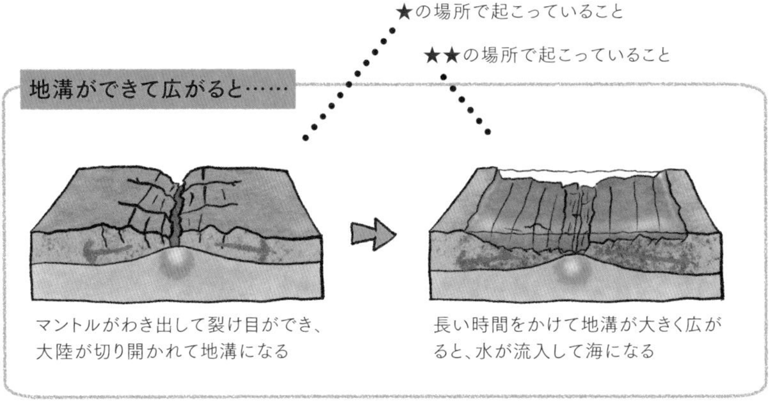
★の場所で起こっていること
★★の場所で起こっていること
地溝ができて広がると……
マントルがわき出して裂け目ができ、
大陸が切り開かれて地溝になる
長い時間をかけて地溝が大きく広が
ると、水が流入して海になる

今も海と陸は少しずつ動いているよ。マグマの動きは地球の動き!

火山のある天体

地球の衛星である月にも“火山”があります。たとえば月の表面に見える「海」は巨大な溶岩平原です。でも月の火山活動は30億年前ごろには終わってしまったと考えられています。月の質量は地球の約81分の1しかないので、地球よりもずっと早く冷え切ってしまったのです。現在、月には火山の活動はまったく見られません。

おとなりの惑星である火星には、巨大な盾状火山であるオリンポス山を始めとするいくつもの火山が見つかっています。でもこうした火星の火山のほとんどはいまから数十億年以上前にできたものです。地球よりもずっと小さい火星は、月と同じように活発な火山活動を引き起こすだけの熱源をすでに失っていると考えられています。でも、まだ火山活動がわずかに続いているのではないかと考える研究者もいます。

地球の内側をまわる金星の大きさは地球とほぼ同じなので、内部の熱源も地球と同じように保たれていると思われます。金星の表面は厚い雲に覆われていてその表面を直接観察することがむずかしいのですが、NASAが打ち上げたマゼラン探査機に搭載されたレーダ解析では、ごく最近形成されたと考えられる火山地形がいくつも発見されています。近い将来、金星でも火山噴火の決定的瞬間が観測されるかもしれません。

木星や土星などのガス惑星には火山はありませんが、その衛星には火山が見つかっています。木星の衛星イオの火山活動はちょっと変わっています。イオは巨大な木星のそばを公転しているので、木星の強大な引力によってたえず激しく変形を受けています。その摩擦熱によって岩石が融けてマグマがつくられ、火山活動を引き起こしています。また木星や土星の衛星の中には、衛星の表面を覆う氷の割れ目から衛星内部にある液体の水が噴出している“火山”が見られるものもあります。

▶ 地球以外の火山

月

どれが
火山!?

火星のオリンポス山

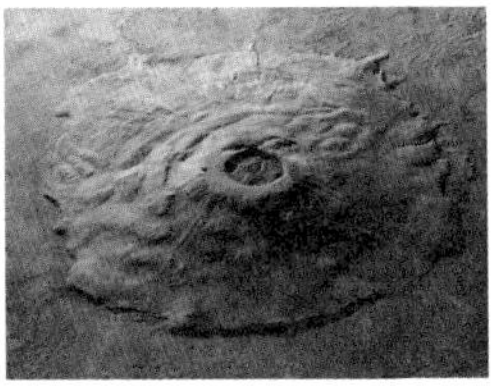

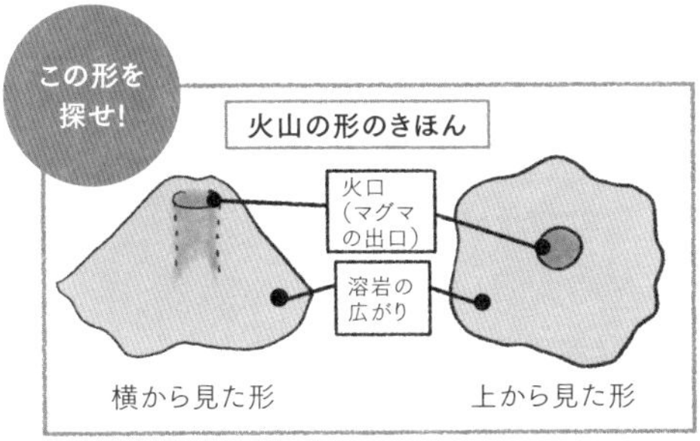
この形を
探せ!
火山の形のきほん
火口
（マグマ
の出口）
溶岩の
広がり
横から見た形
上から見た形

イオ

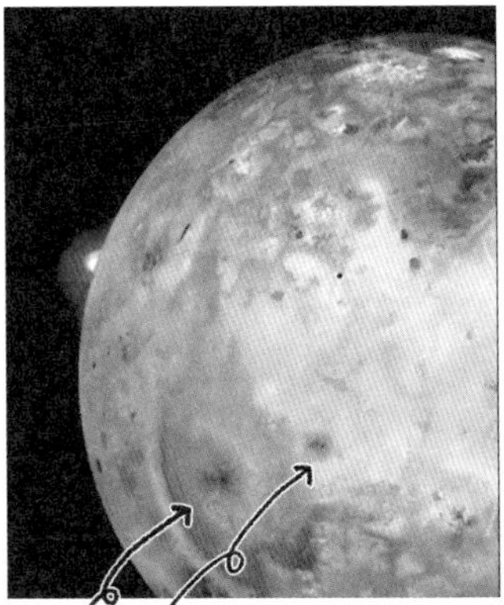

よく見て
火山の形を
探してね!
たとえば
これが火山だよ

きほんミニコラム

いそいで積み上げた山“火山”

火山も火山ではない普通の山もどちらも地面の高まりです。でもそのできかたはまったく違います。火山ではない普通の山は、数万年から長い場合には数100万年もかかって少しずつ隆起して高くなります。その途中でやわらかい地層やもろい部分は雨や風、あるときは氷河によって削られ、また崩れやすい不安定な部分は少しずつ崩壊したりして、残ったかたい岩盤の部分が山をつくっています。

火山は噴出したマグマが固まった溶岩や火砕物が積み重なって高くなります。噴火活動が活発な火山では、わずか数千年から数万年で大きな火山体ができあがってしまうこともめずらしくありません。そうやって急速に高くなった火山は、やわらかい地層やもろい部分もまだ十分侵食されていませんので、大雨が降ればすぐに侵食されて地滑りが起きたり、土石流などが発生しやすくなります。また、噴火のたびに山の高いところに噴出物が積みあがっていくので、火山体はどんどん不安定になっていきます。ですから、ちょっとしたきっかけで火山体が大崩壊してしまうこともあるのです。まるで積み木崩しのようですね。

Chapter 2

火山とマグマ

11

マグマは何からできている?

マグマは岩石が融けた高温の液体です。地球上で噴出するマグマのほとんどはおもにケイ素と酸素からできていて、そのほかにアルミニウムやカルシウム、鉄などさまざまな元素を含んでいます。マグマは、これらの元素が混じり合って融けているメルトとよばれる液体だけでなく、固体の鉱物粒子や水蒸気などのガスがつまった気泡など、固体・液体・気体が混合した物質です。マグマが地表に流れ出たものや、それが固まってできた岩石のことを“溶岩”とよびます。

高温のマグマが温度の低い地表に噴出して「瞬間的」に冷え固まってできた岩石が火山岩です。そのような「冷凍マグマ」である火山岩を観察してみましょう。火山岩には、斑晶《はんしょう》とよばれる比較的大きな鉱物結晶と、それを取り囲むとても細かい鉱物結晶やガラスからなる石基《せっき》、それと丸い空洞である気泡が含まれています。斑晶は噴火したときすでにメルトの中に浮かんでいた結晶で、地下深くに蓄えられていたマグマの中でゆっくりと成長した鉱物の結晶なのです。石基は、高温で溶けていたメルトが地上に噴出したときに急速に冷え固まってできたものです。気泡はマグマの中にあった火山ガスの泡の痕跡《こんせき》です。

いろいろな火山岩を観察すると、斑晶や気泡の大きさ、含まれる量などが違うことに気づくでしょう。マグマの中に浮いている鉱物結晶や気泡は、まわりのメルトとの密度の違いによってマグマの中で沈んだり、浮かび上がったりします。密度の低い結晶や気泡はマグマ溜まりの天井に集まってきます。そうした部分が噴火すると、斑晶や気泡をたくさん含んだ火山岩(p.46)ができます。固体の粒である結晶がマグマの中に増えてくると次第にマグマの粘性が高くなるためマグマが流れにくくなり、ついには鉱物結晶同士がくっついてしまいまったく動けなくなって

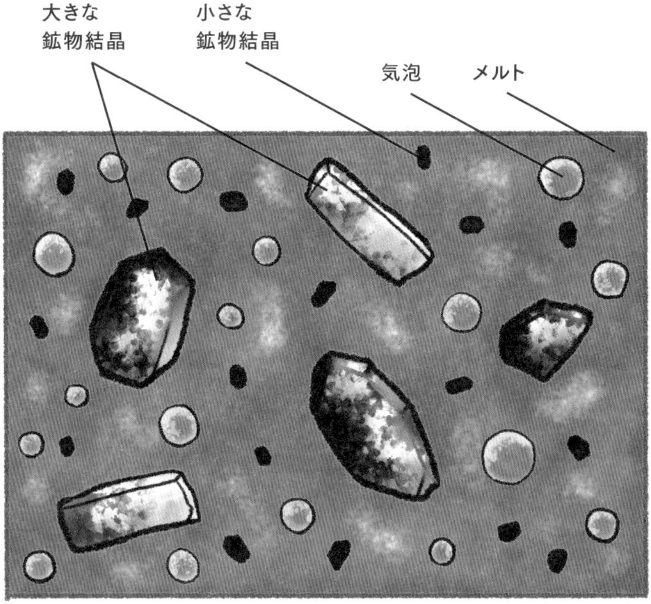

マグマの中身

マグマくん
火山くんの大親友？ 分身!?
謎に包まれた存在

しまいます。火山岩に含まれる斑晶の量は多いものでも岩石全体の3割程度なのは、それよりも結晶が多くなるとマグマが急に流れにくくなるので地上に噴出できなくて、地下ですべて固まってしまうからです。

マグマはどのようにつくられる？

地球の内部は温度が高いのでどこでも岩石が融けていると思うかもしれません。でも地下深くにゆくにつれて温度と圧力がともに上昇していくので、一般的な地球内部の温度圧力条件では岩石は融けず固体のままです。そのため、岩石を融かしてマグマを発生させるためには、特殊な条件が必要です。

岩石を加熱してその圧力での融点よりも高い温度にすると融け始めます。また高温状態の岩石を、温度を一定にしたまま地中の浅いところに持ち上げて岩石に加わる圧力を低下させても岩石が融けます。さらに、高温高圧の状態の岩石に水などの成分が加わると岩石の融点が下がるので融け始めることがあります。地球の内部でこれらの岩石が融ける条件が満たされるとマグマが発生します。

中央海嶺やホットスポット（p.16）とよばれる、マントルを構成する岩石が地下から上昇している場所では、岩石の温度があまり下がらないまま岩石にかかる圧力が下がるので岩石が溶融してマグマが発生します。日本列島のような沈み込み帯では、沈み込むプレートがマントルに持ち込む水によって岩石の融点が低下してマグマができます。また、マントルで形成された高温のマグマが地殻をつくる岩石の中に貫入すると、相対的に融点が低い地殻の岩石が加熱され、融けてマグマを発生することもあります。

岩石はさまざまな化学組成の鉱物の集合体なので、融点の低い鉱物から徐々に融解し、できたメルトが分離してマグマが形成されます。そのため、融解の進行程度によって同じ組成の岩石からも違う組成のマグマが形成されます。マグマが固まった岩石の化学組成を詳しく調べると、このようなマグマのできた条件を知ることできます。

ちょっと！
何見てるの？
ちっちゃかったんだね～♥
マグマくん成長アルバム
ウフフフ……

マグマのでき方

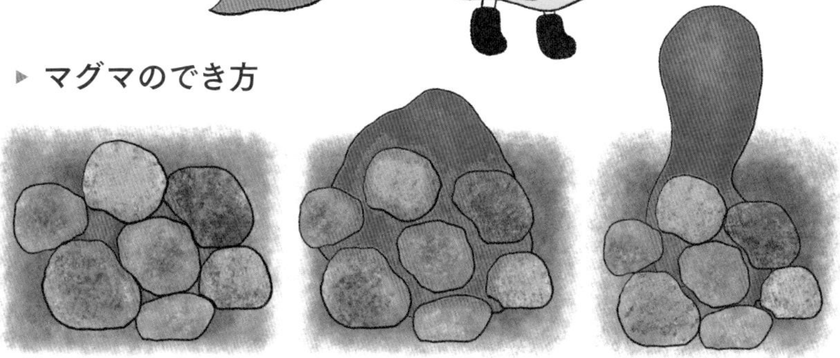

鉱物の隙間の部分から岩石が融け始める → 融け広がった岩石（マグマ）が集まる → 細かい岩石の割れ目を通って上昇していく

岩石はどうやって融ける？

岩石は、
温度が上がったり
水が加わると
融けるんだよ
あとは圧力が
下がったとき
にも融けるよ

マグマにも種類があった！

　マグマを玄武岩や流紋岩というようないろいろな名前で区別するのは、マグマには大きな化学組成の違いがあるからです。マグマの成分の違いを表すのに、マグマに含まれるケイ素の量を最も基本的な指標として使います。なぜなら、ケイ素の酸化物である二酸化ケイ素の量でマグマの温度や粘性といった基本的な物性が決まるからです。

マントルをつくるかんらん岩が部分溶融すると、玄武岩マグマがつくられます。玄武岩マグマは地球上で普通に見られるマグマの中では最も二酸化ケイ素の量が少なく、マグマ全体の質量のおよそ 50 ％が二酸化ケイ素からなり、残りの 50 ％は鉄やマグネシウム、カルシウムなどからなります。二酸化ケイ素の量が少ない玄武岩は温度も高いので粘性が低く流れやすいという特徴があります。

　一方、地殻をつくる岩石が部分溶融すると流紋岩マグマとよばれる二酸化ケイ素を多量に含むマグマがつくられます。流紋岩マグマの質量の 70 ％以上を二酸化ケイ素が占めており、残りの 30 ％はアルミニウムやナトリウム、カリウムといった元素からなります。二酸化ケイ素をたくさん含む流紋岩は温度が低いこともあって粘性が非常に高く流れにくいという特徴があります。

　玄武岩と流紋岩の中間的な化学組成を持つマグマは、その二酸化ケイ素の含有量に応じて安山岩マグマやデイサイトマグマとよばれます。日本列島の火山で最も多く見られるマグマはこうした安山岩マグマやデイサイトマグマで、おおよそ 55 ～ 65 ％程度の二酸化ケイ素を含みます。これらのマグマ区分は人為的なもので、マグマの組成は玄武岩から流紋岩まで連続的に変化します。二酸化ケイ素の含有量のほかに、ナトリウムやカリウムといったアルカリ元素の量を用いてさらにマグマの組成を

マグマの種類

玄武岩マグマの成分元素

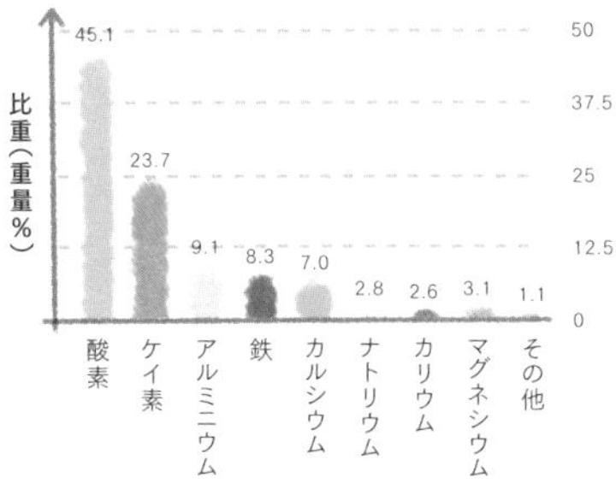

流紋岩マグマの成分元素

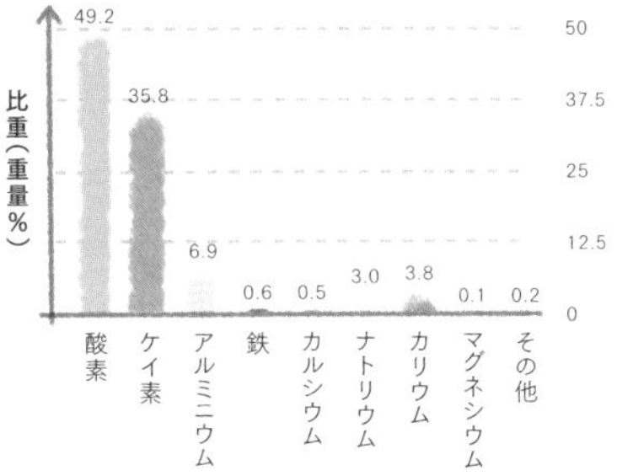

細かく分類することもあります。日本列島で噴出するマグマはアルカリ元素の量が比較的少ないという特徴がありますが、イタリアなど地中海の火山はアルカリ元素をたくさん含むマグマを噴出しています。これにも、成分の違いによっていろいろな名前がつけられています。

マグマの温度はどのくらい？

灼熱の溶岩はいかにも熱そうです。ではマグマの温度はいったいどれぐらいでしょうか？　ケイ素の含有量が比較的少なく、代わりにマグネシウムや鉄が多く含まれている玄武岩マグマは融点が高く、ケイ素やアルミニウム、ナトリウムなどを多く含み鉄やマグネシウムにとぼしい流紋岩マグマは融点が低いという特徴があります。ケイ素にとぼしい玄武岩マグマは高温で、その温度は 1200 ℃を超えることもあります。しかし玄武岩マグマは 1100 ℃ぐらいで固まってしまいます。一方、ケイ素やアルカリ元素が豊富に含まれる流紋岩マグマの温度は玄武岩マグマに比べるとずっと低く、800 ℃かそれよりも低い場合もたくさん知られています。ケイ素が少なく温度も高い玄武岩マグマは粘性が低く大変流れやすいのです。それに比べて流紋岩マグマは温度が低く、またマグマの粘性を高くするケイ素をたくさん含んでいるので、粘性が高く非常に流れにくい性質をもちます。

マグマの温度を身近な高温の物質と比べてみましょう。赤く輝く炭火の温度は 800 ～ 1000 ℃ぐらいなので、流紋岩マグマから安山岩マグマの温度ぐらいです。ろうそくの炎の最も輝いているところは 1200 ℃ぐらいといわれていますので、ちょうど玄武岩マグマと同じぐらいの温度になります。ガスコンロの青い炎の温度は 1700 ～ 1900 ℃にもなりますのでマグマよりはずっと高温です。高温の物質が放つ色はその温度によって決まりますので、炭火のように赤熱した溶岩の温度は炭火と同じぐらいということです。噴出したばかりの高温の玄武岩マグマはろうそくの炎と同じようにオレンジ色に輝いています。夜の噴火は、マグマの放つ輝きでまぶしいぐらいです。

いろいろな顔を持つマグマくん

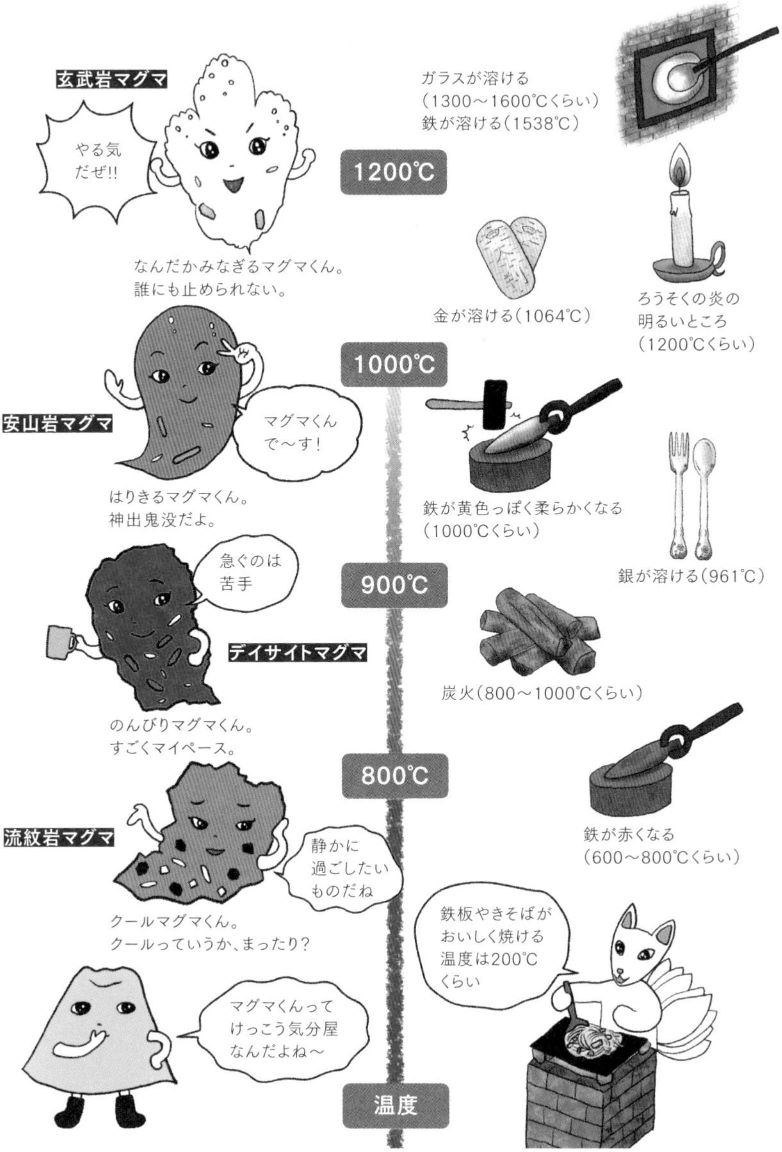
玄武岩マグマ
やる気だぜ!!
なんだかみなぎるマグマくん。
誰にも止められない。
安山岩マグマ
マグマくんで〜す!
はりきるマグマくん。
神出鬼没だよ。
急ぐのは苦手
デイサイトマグマ
のんびりマグマくん。
すごくマイペース。
流紋岩マグマ
静かに過ごしたいものだね
クールマグマくん。
クールっていうか、まったり?
マグマくんってけっこう気分屋なんだよね〜
1200℃
1000℃
900℃
800℃
温度
ガラスが溶ける
(1300〜1600℃くらい)
鉄が溶ける(1538℃)
ろうそくの炎の明るいところ
(1200℃くらい)
金が溶ける(1064℃)
鉄が黄色っぽく柔らかくなる
(1000℃くらい)
銀が溶ける(961℃)
炭火(800〜1000℃くらい)
鉄が赤くなる
(600〜800℃くらい)
鉄板やきそばがおいしく焼ける温度は200℃くらい

15

マグマの成分は七変化

　マントルから上昇してきた玄武岩マグマの温度が低下すると、その中でさまざまな鉱物の結晶がそだち始めます。玄武岩マグマの中で初めにできる鉱物の代表はかんらん石です。かんらん石はまわりの玄武岩マグマよりも多くのマグネシウムを含むので、かんらん石の結晶ができるとマグマに含まれるマグネシウムがかんらん石に取り込まれて減少していきます。また、やはり玄武岩マグマから初めにできる斜長石《しゃちょうせき》もマグマ中のアルミニウムやカルシウムをつかって結晶をつくります。マグマよりも密度が大きいかんらん石や斜長石がマグマから沈殿して取り除かれると、かんらん石や斜長石に入りにくいケイ素や鉄、アルカリ元素などが濃集した上澄みのマグマが残ります。こうして、さまざまな種類の鉱物がマグマから次々と結晶化することで残りのマグマの組成が次第に変化することを結晶分化作用といいます。

　一方、マントルから上昇してきた高温の玄武岩マグマが地殻に貫入すると、融点が低い地殻の岩石が部分溶融を始めます。このときケイ素やアルカリ元素などを含む鉱物が最初に溶融するので、これらの元素をたくさん含む流紋岩マグマがつくられ始めます。溶融が進むとそのほかの鉱物も融解するので、できるマグマの組成は次第にケイ素が少ないデイサイトや安山岩マグマに変化していきます。

　異なる組成のマグマが混合すると中間的なマグマが生まれます。玄武岩マグマと流紋岩マグマが混合すると中間的な組成を持つ安山岩やデイサイトマグマができます。

　このように、地球の内部ではマグマの上澄みを集めたり、岩石からマグマを絞り出したり、違う化学組成のマグマが混ぜあわせることによっていろいろな組成を持つマグマがつくられるのです。

▶ 結晶分化でさまざまなマグマができる

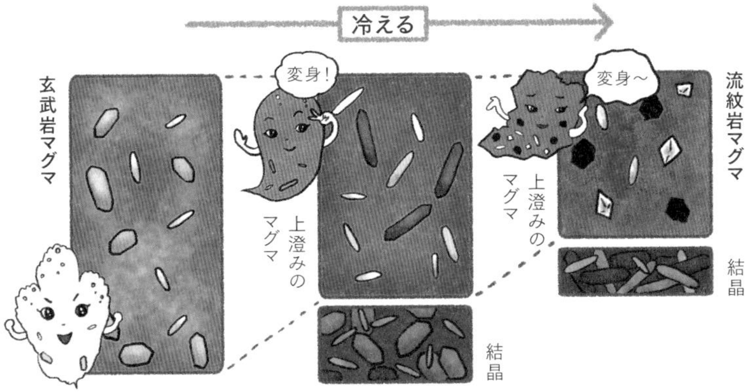

温度が下がるごとに、沈殿した結晶と上澄みのマグマに分かれていく

▶ 玄武岩マグマと地殻の間でさまざまマグマができる

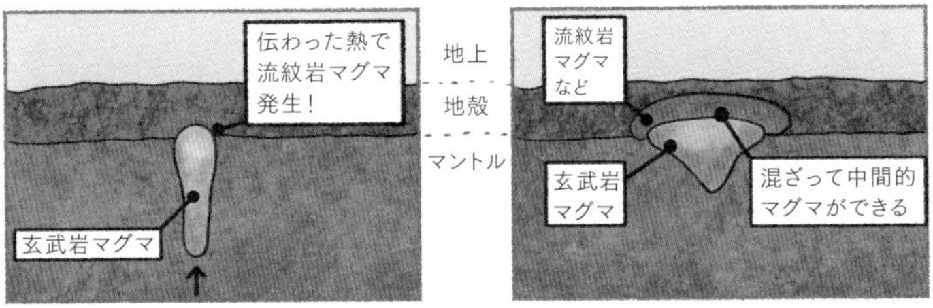

上昇した玄武岩マグマの熱で
地殻の岩石が融け始める。
初めに流紋岩マグマができる。

流紋岩マグマに続いて、
安山岩マグマなどができたり、
玄武岩マグマと混ざることもある。

16

地中を浮かび上がるマグマ

マグマはどのようにして地下深くから地上に向かって上昇してくるのでしょう？　岩石が融解を始めるときには岩石を構成するさまざまな鉱物のうち溶融しやすい成分から溶け始めますので、こうしてできたマグマには周囲の岩石に比べて軽い元素が選択的に集まります。そのようにしてできたマグマは周囲の岩石よりも密度が小さくなるので、浮力を受けて上昇し始めます。岩石がわずかに溶け始めたときにはまだマグマは小さな粒となって岩石の中に分散していますが、しだいに岩石の鉱物の隙間を通って上昇を始め、小さな粒が集合して大きなマグマの塊となります。そうするとマグマの塊には大きな浮力が作用するので、浮力によって生じる圧力で岩石を押し割ったり、あるいは時間をかけて周囲の岩石を変形させたりしてマントルの中を上昇していきます。

マントルでできた玄武岩マグマは、やがてマントルを通り抜けて地殻に入ります。ところが地殻を構成する岩石はマントルを構成する岩石であるかんらん岩に比べてずっと密度が小さいので、ここでマグマは自分よりも軽い岩石のなかに入り込むことになり、浮力を失って上昇できなくなります。こうしてほとんどのマグマは、マントルと地殻の境界付近で上昇を止められてしまうと考えられています。しかし、二酸化炭素などの気体が多く溶け込んでいる特別なマグマの場合、圧力が下がるにつれて溶け込んでいた気体が析出して気泡をつくります。気泡はマグマの密度を低下させるので、マグマは大きな浮力を保ったまま地殻の中を上昇できると考えられています。このようにしてマントルから直接噴出するマグマには地下深くのマントルの岩石の破片が含まれることがあり、深いところから噴出するものにはダイヤモンドが見つかることもあります。

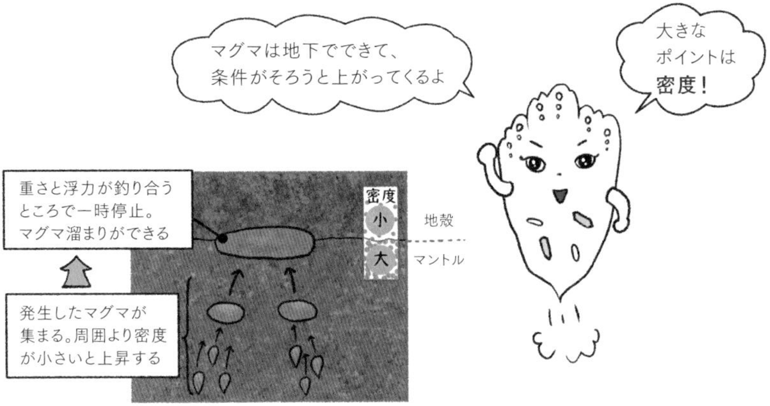
マグマは地下でできて、
条件がそろうと上がってくるよ
大きなポイントは密度！
重さと浮力が釣り合うところで一時停止。マグマ溜まりができる
発生したマグマが集まる。周囲より密度が小さいと上昇する
密度
小
大
地殻
マントル

マントルのかけら発見！
一時停止したマグマも、また上昇してくることがあるよ
気泡が発生し、軽くなった部分が上昇
地上に噴出！
地上
密度
小
大
地殻
マントル
普通のマグマ
CO_2などがたくさん入っているので、マントルから一気に地上に噴出できるマグマもあるんだよ！
深い場所から一気に上昇
特別なマグマ

17

マグマ溜まり

地球の表面の厚さ数十 km を覆う地殻は、表面に近いほど密度が小さい岩石からなる層状構造を持っています。地下数 10 km にあるマントルの最上部をつくっているかんらん岩の密度はおおよそ 1 立方メートルあたり 3.3 トンですが、地下 20 ～ 30 km ぐらいの地殻の深いところをつくる玄武岩組成の岩石の密度は 1 立方メートルあたり 3 トンぐらいになります。地下 10 ～ 20 km ぐらいよりも浅い地殻をつくる花崗岩に近い組成を持つ岩石の密度は、1 立方メートルあたりおよそ 2.6 ～ 2.8 トンです。さらに地表に近い部分は密度の小さい堆積岩などからできていて、1 立方メートルあたり 2.5 トン以下のものもあります。

マントルのかんらん岩が部分的に溶融してできたマグマは、まわりのかんらん岩よりも密度が小さいので浮力を受けて上昇し、地殻の中に入ります。地表に向かって密度が小さくなっている地殻の中をマグマが上昇すると、やがて周囲の岩石がマグマと同じ密度の深さに到達し、それ以上浮力で上昇できなくなります。こうして上昇してきたマグマが周囲のマグマと同じ密度の深さにつぎつぎと停止して溜まってマグマ溜まりがつくられます。最も大きな密度のギャップはマントルと地殻の境界部にあります。マントルから上昇してきたほとんどのマグマはこの地殻の底で一度停止してマグマ溜まりをつくると考えられています。

マグマ溜まりの中で、重い元素を含む鉱物が沈殿してマグマから取り去られたり、周囲の地殻岩石が溶融してできた低密度のマグマと混合したりすると、マグマ溜まりの中のマグマの密度が次第に低下します。するとマグマは再び浮力を得て上昇を再開します。やがて周囲の岩石がマグマと同じ密度となる深さまで上昇するとふたたびマグマ溜まりをつくります。このようにして、地殻のいろいろな深さに異なる密度のマグマ

▶ いろいろな深さのマグマ溜まり

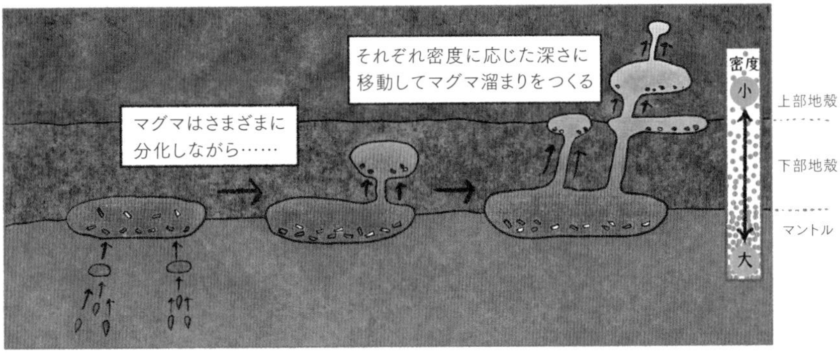
それぞれ密度に応じた深さに
移動してマグマ溜まりをつくる
マグマはさまざまに
分化しながら……
密度
小
大
上部地殻
下部地殻
マントル

**つまり、マグマくんはぴったりの場所を
見つけるのが得意！**

このへんが
いい感じに
落ち着くよ
もうちょっと
上がってみよう
かな～

からなるマグマ溜まりがつくられます。マグマ溜まりの中に異なる密度のマグマが共存することもあり、マグマ溜まりの中で密度の異なるマグマが成層していることもあるようです。火山の地下には、このようないくつものマグマ溜まりが複雑に連なっていると考えられています。

マグマからいろいろな鉱物が生まれる

いろいろな種類の鉱物がマグマから生まれます。地球上の大部分のマグマにはたくさんの酸素とケイ素が入っているので、マグマからできる鉱物の多くも酸素とケイ素がそのおもな成分です。そして、マグマに含まれるそのほか元素も取り込んでさまざまな鉱物の結晶ができます。火山岩によく見られる鉱物は、かんらん石、輝石《きせき》、角閃石《かくせんせき》、雲母《うんも》、斜長石《しゃちょうせき》、正長石《せいちょうせき》、石英《せきえい》です。

玄武岩マグマはケイ素が比較的少なく、マグネシウムや鉄、カルシウムなどの元素が比較的多く含まれているので、これらをおもな材料として、かんらん石や輝石といった鉱物が生まれます。一方、流紋岩マグマにはたくさんのケイ素が含まれています。そしてアルミニウム、ナトリウム、カリウムなどの元素も比較的多く含まれているので、それらを使って斜長石や雲母といった鉱物ができます。流紋岩マグマはとくにケイ素を多く含むので、ケイ素と酸素だけからなる石英もできます。また、マグマの中に火山ガス成分である水が比較的多く入っていると、水をつくっている水素や酸素も取り込んだ鉱物、角閃石とか雲母などができます。ケイ素をあまり含まず、酸素とそのほかの元素が組み合わさった鉱物もできることがあります。砂鉄をつくる鉱物としてなじみ深い磁鉄鉱やチタン鉄鉱は、マグマの中の酸素と鉄、それに少量のチタンが集まってできた鉱物です。マグマの化学組成や温度、圧力条件などさまざまな違いによって、マグマの中からいろいろな鉱物が生まれてきます。ですから、マグマに含まれる鉱物を調べることで、結晶ができたときの温度や圧力などを知ることもできます。岩石に入っている鉱物は、まるでマグマの記録簿のようです。

▶ 火山くん自慢のコレクション大公開！

19

マグマが冷えて固まってできる火山岩と深成岩

火山岩も深成岩もマグマが冷えて固まってできる岩石で、どちらも火成岩とよばれています。でもその見かけはずいぶん違います。

火山の噴火で地表に噴出したマグマは急激に温度が下がります。そうなると、マグマの中で小さい結晶がいっせいに成長して、目に見えないような細かい鉱物がぎっしりとつまった岩石ができます。マグマの冷える速度があまりにも速いと、結晶が育つ間もなくマグマが固まってしまい天然ガラスとなります。こうしたごく細かい結晶やガラスからできた岩石は、火山噴火のときにマグマが急に冷えてできる岩石なので火山岩とよばれます。火山岩には急に冷えたときにできた細かい結晶のほかに、マグマ溜まりの中でゆっくりと冷えているときにできた斑晶とよばれる大きな鉱物が入っていたり、マグマの中に浮いていた気泡が取り込まれたまま固まっていることもあります。

一方、火山の地下深くにあるマグマは、まわりの岩石が断熱材の役割をはたすので熱が逃げにくく、ゆっくりと冷えます。そうすると鉱物の結晶がマグマの中で時間をかけて大きく育つことができます。数千年、数万年かけてゆっくりと冷えたマグマは、目で見えるような大きな鉱物結晶がぎっしりつまった岩石になります。花崗岩やはんれい岩は地下深いところでマグマがゆっくりと冷えて固まった深成岩です。

火山岩に含まれる斑晶は最初のころにできた鉱物なのでマグマ中で自由に成長してきれいな結晶の形をしています。マグマの中の鉱物が増えてくると成長できるスペースがなくなってくるので、結晶がおたがいぶつかり合ってしまってきれいな結晶の形をとれなくなってきます。最後は深成岩にみられるように鉱物同士がかみ合ってモザイクのような構造になってしまいます。

マグマがゆっくり冷えて固まるようす

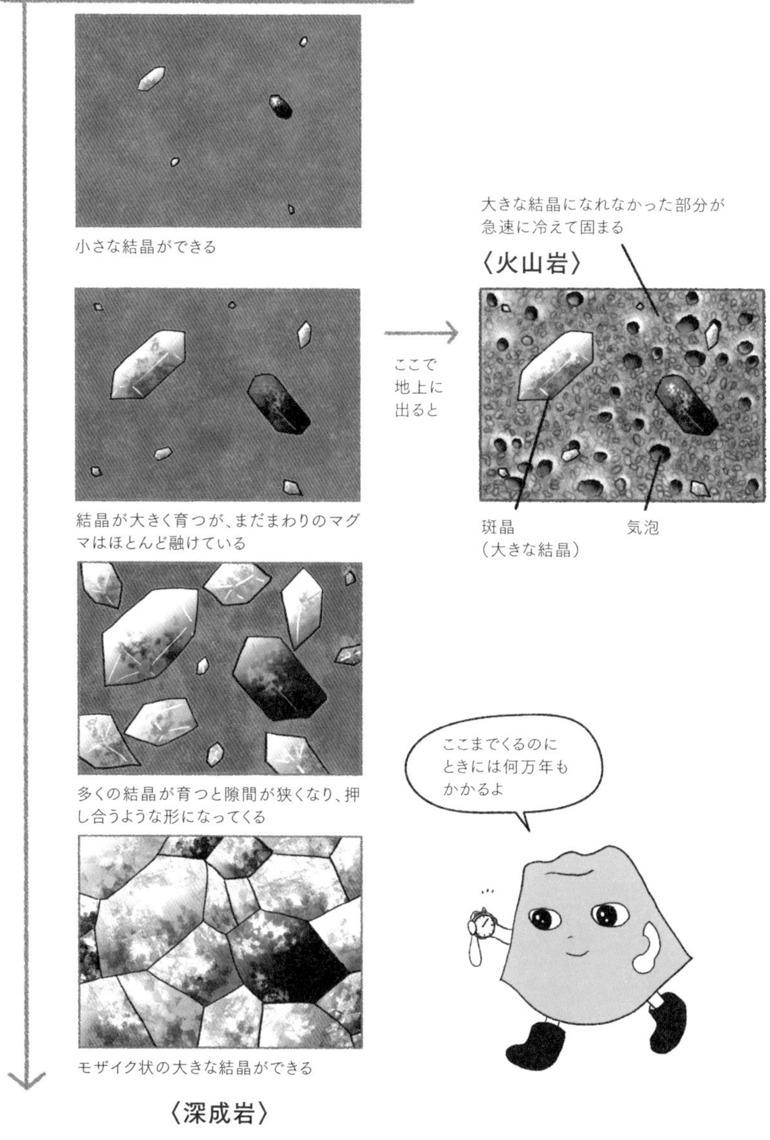
小さな結晶ができる
結晶が大きく育つが、まだまわりのマグマはほとんど融けている
多くの結晶が育つと隙間が狭くなり、押し合うような形になってくる
モザイク状の大きな結晶ができる
〈深成岩〉
ここで地上に出ると
大きな結晶になれなかった部分が急速に冷えて固まる
〈火山岩〉
斑晶
（大きな結晶）
気泡
ここまでくるのに
ときには何万年も
かかるよ

きほんミニコラム

活火山と死火山

将来もまた噴火する可能性のある火山を活火山とよびます。日本ではおおよそ過去1万年以内に噴火したことがある火山や、そうではなくても活発に噴気活動をしている火山を活火山とよんで、将来噴火するかもしれない山として警戒しています。では1万年間噴火をしていない、活火山ではない火山はもう死んでいるのでしょうか？　火山の寿命はよくわかっていませんが、長いものでは数万年から数10万年にわたって噴火を繰り返します。そのあいだには噴火が頻繁に起こる時期や、あまり噴火をしない時期があったりします。そういう火山の活動は地下深くのマグマの活動が決めているのですが、長期間にわたる地下のマグマの状態を知ることはとてもむずかしいのです。ですから1万年ぐらいのあいだ噴火がなくても、その火山の地下ではまだ活発にマグマが活動していて、将来また活発に噴火をするようになるかもしれないのです。以前はしばらく噴火をしていない火山を“死火山”とよんでいましたが、最近はまた活動するかもしれないので死火山というよび方はしなくなりました。同じような理由で“休火山”というよび方も使われなくなっています。

Chapter 3

火山の噴火

20

ふくらむマグマ溜まり

マグマ溜《だ》まりの活動が安定しているときには、マグマ溜まりの中を満たすマグマの圧力と、マグマ溜まりを取り囲む岩盤の中の圧力は釣り合っています。しかし、たとえばマグマ溜まりに地下深いところからマグマが注入したり、マグマ溜まりの中でマグマが発泡したりすると、マグマ溜まりの圧力が周囲の岩盤にかかる圧力よりも大きくなります。そうなると、マグマ溜まりは周囲の岩盤を押し広げ膨張《ぼうちょう》し始めます。かたい岩石も大きな圧力が加わるとわずかに変形するのです。

マグマ溜まりの圧力増加に対して周囲の岩盤の強度が十分に大きいと、岩盤は変形し、ふくらみながらもマグマ溜まりの圧力を支えることができます。しかし、どんどんマグマ溜まりの圧力が増加すると、ついに岩盤の弱いところが割れてしまいます。圧力のかかったマグマはその割れ目を押し広げながら流れ出します。この割れ目が地上まで届くと、マグマはその割れ目を通って地表に噴出し、噴火が始まります。

地下のマグマ溜まりの膨張による岩盤の変形は地表にもおよんで、地表面がわずかに隆起するような変形を起こします。火山の周辺で精密な測量を続けると、噴火に向かってマグマ溜まりの圧力が徐々に増加しマグマ溜まりが膨張するようすをとらえることができます。また、マグマ溜まりの膨張によって周囲の岩盤が変形すると、岩盤の中に小さな割れ目や断層ができ、そのときに小さな地震が起こります。そのようなごく小さな地震の発生を観測することで、マグマ溜まりの変動をとらえることができるのです。

▶ 噴火の準備過程

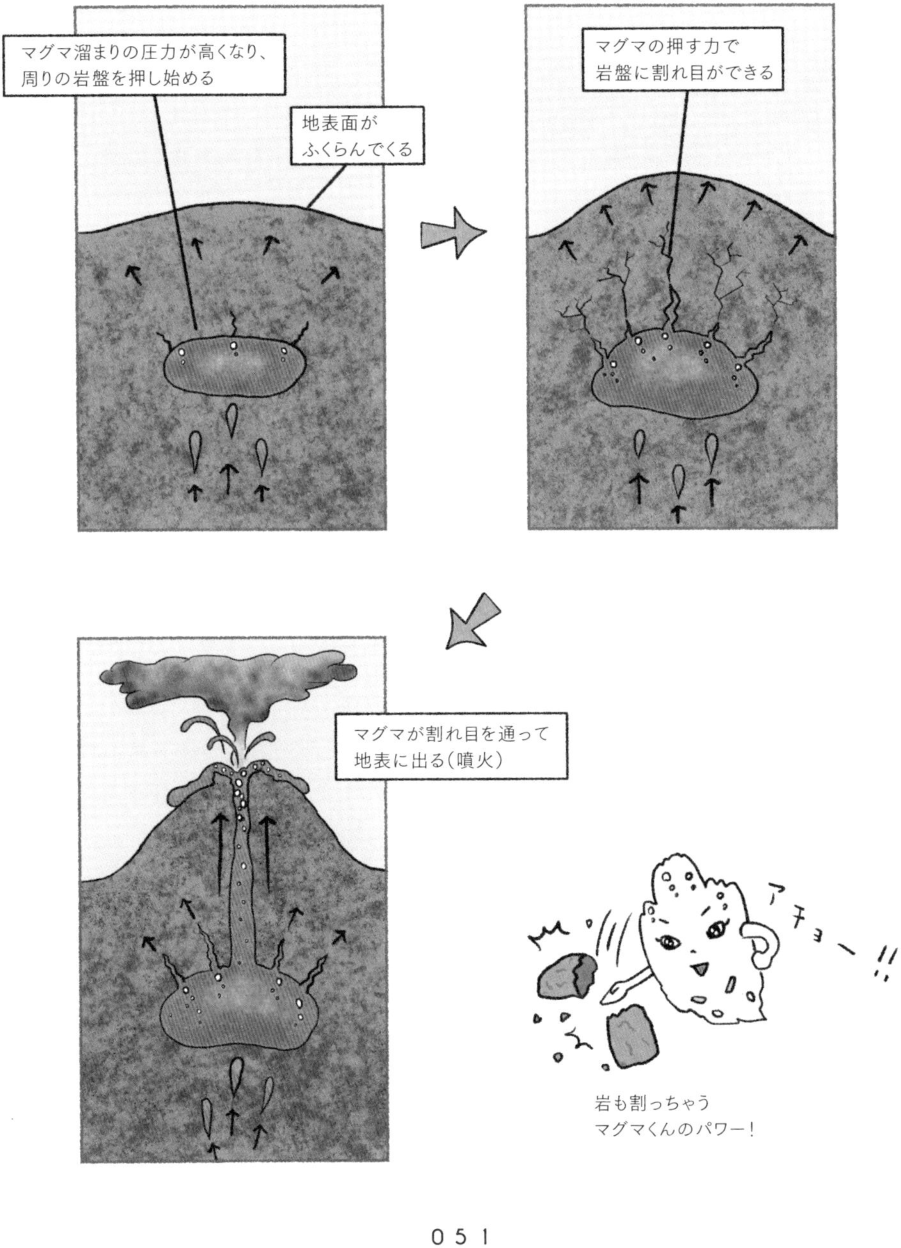
マグマ溜まりの圧力が高くなり、
周りの岩盤を押し始める
地表面が
ふくらんでくる
マグマの押す力で
岩盤に割れ目ができる
マグマが割れ目を通って
地表に出る(噴火)
アチョー!!
岩も割っちゃう
マグマくんのパワー!

21

泡立つマグマ

マグマ溜《だ》まりに蓄えられたマグマがどのようにして再び上昇して噴火するのでしょうか？ それには、マグマに含まれる気体が重要な役割をはたしているようです。マグマに溶け込んでいる火山ガスの成分は結晶の中にはほとんど入り込めません。マグマの結晶化が進むと、結晶に入れなかった火山ガス成分がマグマの中で次第に濃くなって、ついにはマグマの中に溶けきれなくなりガスの気泡ができ始めます。気泡を満たす火山ガスの密度はマグマの密度に比べるとごく小さいので、気泡ができるとマグマの密度は大きく低下します。するとマグマには再び浮力が作用しマグマは上昇しようとします。

マグマに含まれる火山ガスのほとんどは水蒸気ですが、二酸化炭素や二酸化硫黄なども含まれています。二酸化炭素は水よりもマグマに溶け込みにくいので、深いところから上昇してくるマグマのなかではまず二酸化炭素の気泡ができます。さらに浅いところまで上昇すると水や二酸化硫黄も気泡のなかに入ってくるようになります。

マグマが地表に向かって上昇するとマグマにかかる圧力が低下します。気体は圧力が低下すると膨張《ぼうちょう》するので、マグマが地表に向かって上昇するとマグマの中の気泡がどんどんふくらみます。また、マグマにかかる圧力が低下するとマグマに溶け込むことができる火山ガスの量が少なくなるので、マグマからは次々と火山ガスが新しい気泡となって出てきます。こうして地表に向かって上昇するマグマは泡立ち、膨張を続けます。そうしてついには地表に噴出して噴火が始まります。

浅いところほど
気泡の数が増えて
大きくなるよ！
結晶が沈むと
上澄みのマグマは
軽くなるんだな

噴火の前ぶれ

地下のマグマは高い圧力で岩盤の割れ目を押し広げ変形させながら移動します。すると岩盤の弱いところが壊れて亀裂《きれつ》や小断層ができるので、マグマの通路に沿って小さな地震が多数発生します。また、マグマが狭い岩盤の隙間を通過するときに起こす独特の震動が起きることもあります。こうした微小な地震や地盤変動がどこでどのように起きているかを観測することで、地下のマグマの動きを知ることができるのです。

マグマによって広げられた割れ目がいよいよ地表に近づき噴火が切迫してくると、岩盤の変形によって地表面が大きく変形します。ときには、目で見てもわかるような大きな隆起変形や地割れができることもあります。また、噴火直前には地下のすぐ浅いところで地震が発生するので、人間にも感じられるような地震が群発することもあります。

すでにマグマの通り道である火道《かどう》が地下につくられていて、マグマがそこをゆっくりと上昇するような場合には、このような地盤の急激な変形や地震の群発が起きないことがあります。そうした場合でも、マグマから抜け出してくる火山ガスの放出が増大するようすや、火道の周辺の岩石が高温になることによる地磁気の変化などから、マグマの上昇を検知できることがあります。

もっとむずかしいのは、マグマから分離した火山ガスが地下水を加熱してその地下水が爆発するような水蒸気爆発の予測です。火山ガスや地下水はマグマに比べて粘性が低いため狭い岩盤の隙間を容易に通り抜けて噴出できます。そのため、マグマが上昇するときよりも地盤変動や地震活動が小さいため、その前兆をとらえることはなかなか困難です。

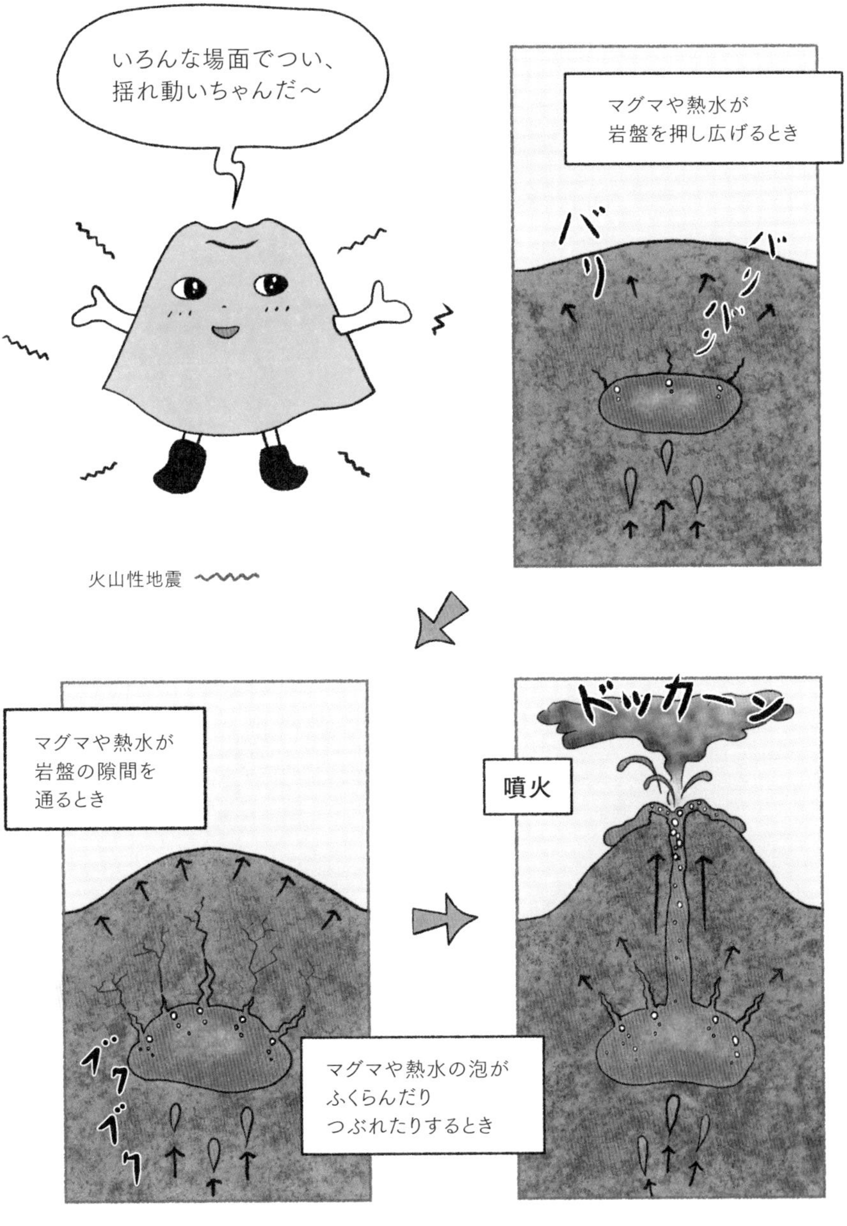
いろんな場面でつい、揺れ動いちゃんだ〜
火山性地震
マグマや熱水が岩盤を押し広げるとき
バリ
バンバン
マグマや熱水が岩盤の隙間を通るとき
ブクブク
マグマや熱水の泡がふくらんだりつぶれたりするとき
ドッカーン
噴火

23

火山の噴火

はじけるマグマ

火山噴火というと真っ赤なマグマの破片を噴き飛ばす爆発を思い浮かべるでしょうか？　それともどろどろと流れる溶岩流でしょうか？

マグマを爆発させるのは、マグマに含まれる火山ガスの泡です。マグマが地下にあるとき、その上にあるマグマや岩石の重さによる高い圧力がかかっています。普通のマグマの場合、たとえば地下 1 km の深さでは 200 気圧以上もの圧力がマグマにかかっています。それが地上に噴出すると 1 気圧にまで低下します。火山ガスなどの気体は、圧力が低くなると膨張《ぼうちょう》します。ですから、マグマが地下から急速に上昇するとき、含まれている気泡が膨張します。気泡の膨張が速いと気泡を取り囲むマグマの変形が追いつかず、ちぎれてします。マグマに含まれる気泡がいっせいにはじけると、マグマ全体が爆発してしまうのです。たくさんの気泡を持ったマグマが高速で地表に噴出すると、マグマは激しく爆発します。粘性の大きなマグマは高い圧力を持つ気泡を閉じ込めることができますが、ひとたびマグマがちぎれてしまうと、高い圧力を持った気泡がはじけるので激しい爆発を起こします。

マグマの中の気泡は軽いのでマグマの中を浮かび上がります。また、火山ガスは狭い隙間もすり抜けることができるので、マグマがゆっくりと上昇する間に、マグマに含まれていた気泡が分離してしまうことがあります。粘性の低いマグマの中では気泡が動きやすいので、とくに気泡の分離が起こりやすくなります。こうして気泡を失った、いわば気の抜けたマグマは地上に噴出しても爆発できないので、液体状態のまま流れ出し溶岩流となります。

実験

この四角い石の中に、
いろいろなマグマを
閉じ込めてみるよ
ドキドキ
だね～

結果

粘性の高い(どろどろした、かたい)マグマほど激しく一気に爆発する!

シュワシュワ
ビシャッ
ドカン
グツグツ
プチプチ
どんどん
いくよ～
さらさら
どろどろ
もったり
まったり

噴火の種類

噴火の規模や爆発力、噴火の継続性などから火山の噴火はいくつかのスタイルに分けられます。代表的ないくつかの噴火を見てみましょう。粘性の低い玄武岩マグマが連続的に噴き出し、マグマのしぶきをまき散らす噴火をハワイ式噴火とよびます。そのようすがまるでマグマの噴水のように見えることから、溶岩噴泉ともいわれます。噴火の中では比較的爆発力が弱いものですが、それでもマグマのしぶきが数 100 m もの高さにまで吹き上がることもめずらしくありません。

ハワイ式噴火よりも爆発が強く、数分から数 10 分おきに小さい爆発を繰り返して赤熱したマグマのしぶきを噴き出す噴火をストロンボリ式噴火とよびます。玄武岩や安山岩のマグマの噴火でしばしば見られます。ストロンボリ式噴火が長く続くと、火口のまわりに火山弾が積み上がりスコリア丘ができます。

粘性が高い安山岩などのマグマがゆっくりと火口に上昇してくると、地表付近のマグマが固まって火口に蓋《ふた》をしてしまいます。そうするとその蓋の下には火山ガスが溜まり、やがてその圧力で蓋を吹き飛ばして激しい爆発を起こします。ときには火口から数 km 以上も離れたところまで直径 1 m 以上もある岩塊《がんかい》を吹き飛ばし、大量の火山灰を噴出します。

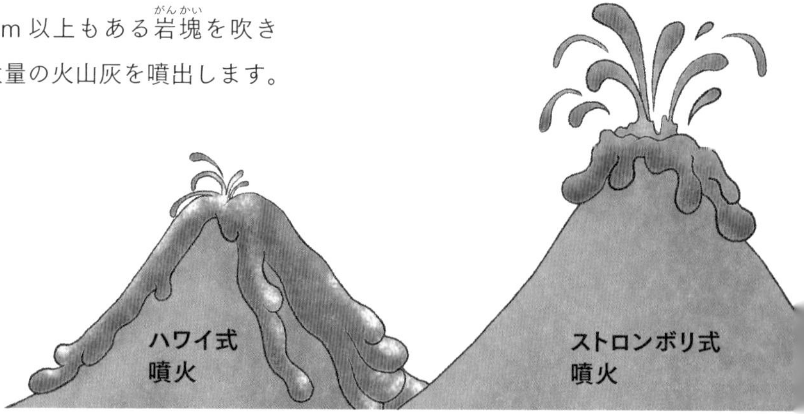

こうした激しい爆発をブルカノ式噴火とよびます。桜島で繰り返される爆発はブルカノ式噴火の典型です。

気泡を含んだ大量のマグマが連続的に噴出し、激しい爆発を起こしながら大量の軽石を噴出する噴火をプリニー式噴火とよびます。噴煙はときには上空数 10 km まで立ち上り、風下数 100 km から数 1000 km もの範囲に火山灰が降ることもあります。全地球に広がった大量の火山灰や火山ガスが地球の気候を変えてしまうこともあります。

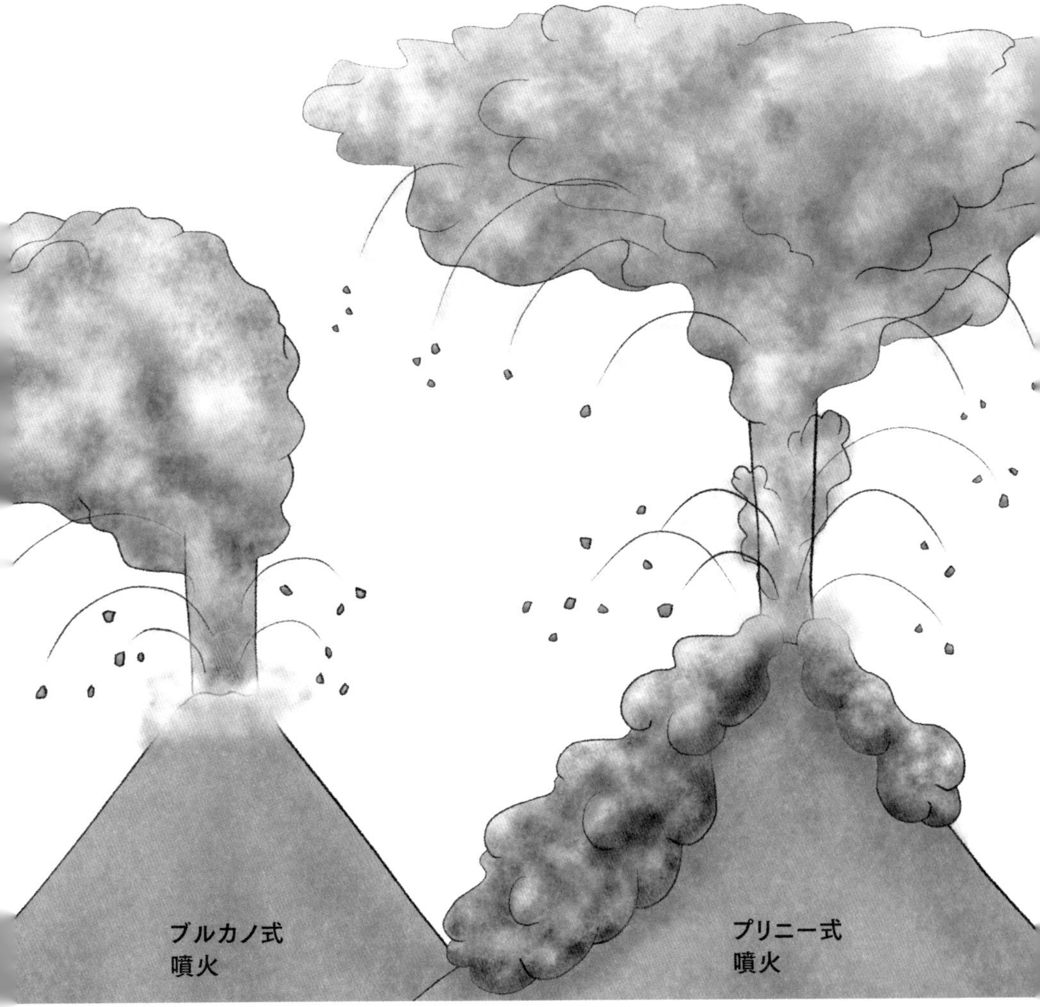

25

マグマ水蒸気爆発

地球の表面は、海を始めとする大量の水に覆われています。高温のマグマがこの水に触れると、大量の水が一気に沸騰して水蒸気となり急激に膨張《ぼうちょう》し、はげしく爆発することがあります。マグマ水蒸気爆発です。

マグマ水蒸気爆発で膨張し爆発するのは、マグマの中に含まれる火山ガスではなく、マグマの外にある水です。マグマ水蒸気爆発を起こすためには、マグマの熱を水に伝えて、大量の水蒸気を短時間に発生させることが必要です。マグマと水が接触する面積を大きくすると、マグマの熱が効率よく水に伝わり大量の水蒸気が発生します。たとえば、マグマの中に入っている火山ガスの泡の爆発により砕かれ粉々になったマグマが水中に噴出すると、マグマの熱が一気に水に伝わるので水蒸気爆発が起こりやすくなります。

マグマ水蒸気爆発が起きるのは浅い水域です。水深が深すぎると高い水圧により水蒸気の膨張が抑えられてしまうので爆発できません。マグマ水蒸気爆発が起きるのはおおよそ 100 m よりも浅い水域です。

マグマ水蒸気爆発は水底にマグマが噴出するときだけでなく、地下を上昇してきたマグマが浅い地下水と接触することによって起きることもあります。また、溶岩流が海や湖などに流れ込むときにマグマ水蒸気爆発が起きることがあります。ときには、氷河や雪をマグマが溶かして水をつくりそれがさらに水蒸気になって爆発することもあります。

マグマ水蒸気爆発は、火山活動が続く活発な惑星の表面に豊富な液体の水が存在する、地球を特徴付ける火山爆発なのです。

▶ マグマ水蒸気爆発

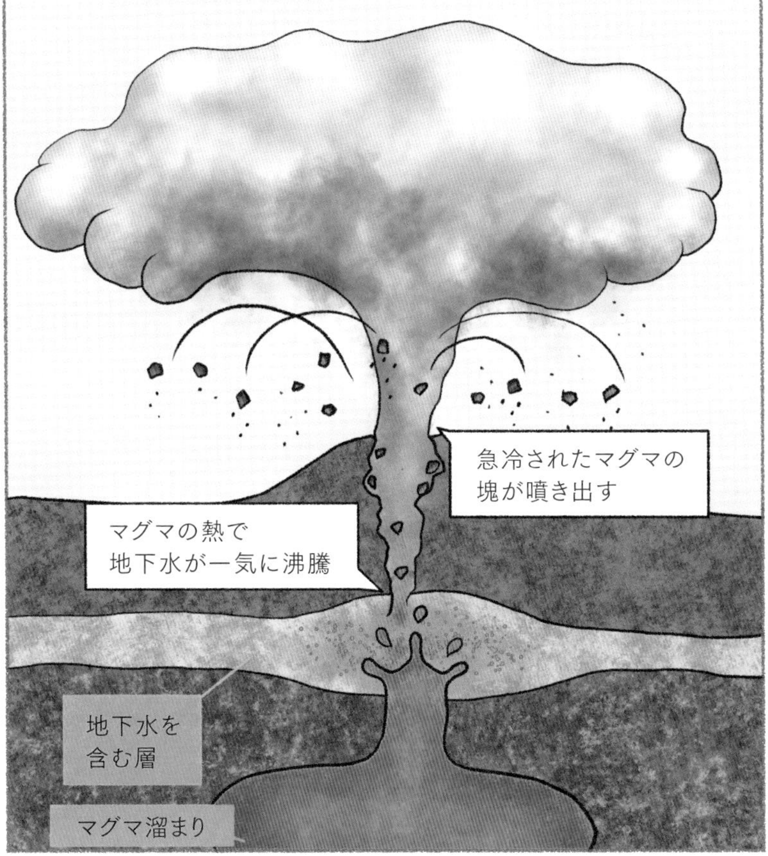

マグマくんと水が出会って起こるのが「マグマ水蒸気爆発」

26

水蒸気噴火

マグマが直接噴出しない火山噴火もあります。マグマに熱せられた地下水が突然沸騰・爆発することによる水蒸気噴火とよばれる噴火です。

地下の比較的浅いところまで貫入《かんにゅう》したマグマの熱や、マグマから分離した高温の火山ガスが地下水を温めて、火山の内部に高温の地下水がつくられます。また火山ガスの大部分を占める水蒸気の温度が下がって水となり高温の地下水となることもあります。こうした地下水を熱水とよびます。地上では水は約 100 ℃で沸騰して水蒸気になりますが、地下で高い圧力が加わっている熱水は 100 ℃をはるかに上回る温度でも沸騰できず、液体のままです。圧力鍋のようですね。

狭い岩盤の隙間に閉じ込められている熱水が、マグマや火山ガスの熱によってさらに加熱されると、膨張《ぼうちょう》してその圧力が高まります。まるで自然のボイラーです。熱水の圧力がまわりの岩盤の破壊強度を上回ると、岩盤に割れ目ができて熱水が漏れ出します。こうした熱水が割れ目を伝ってゆっくりと上昇して地表に噴出すると温泉や噴気となります。しかし、熱水の上昇速度が速いと、熱水は一気に沸騰・膨張しながら地表に噴出して、激しい水蒸気爆発を起こします。

火山で起きる激しい水蒸気爆発によって、熱水だけでなくそれによってつくられた粘土や、熱水の通り道のまわりの岩盤が破壊された破片がふき飛ばされる噴火を水蒸気噴火とよびます。熱水は岩盤中の狭い割れ目を伝って急速に上昇するので、水蒸気噴火の前兆はとても小さく、また前兆現象から噴火までの時間も短いことが多いので、その予測は大変困難です。

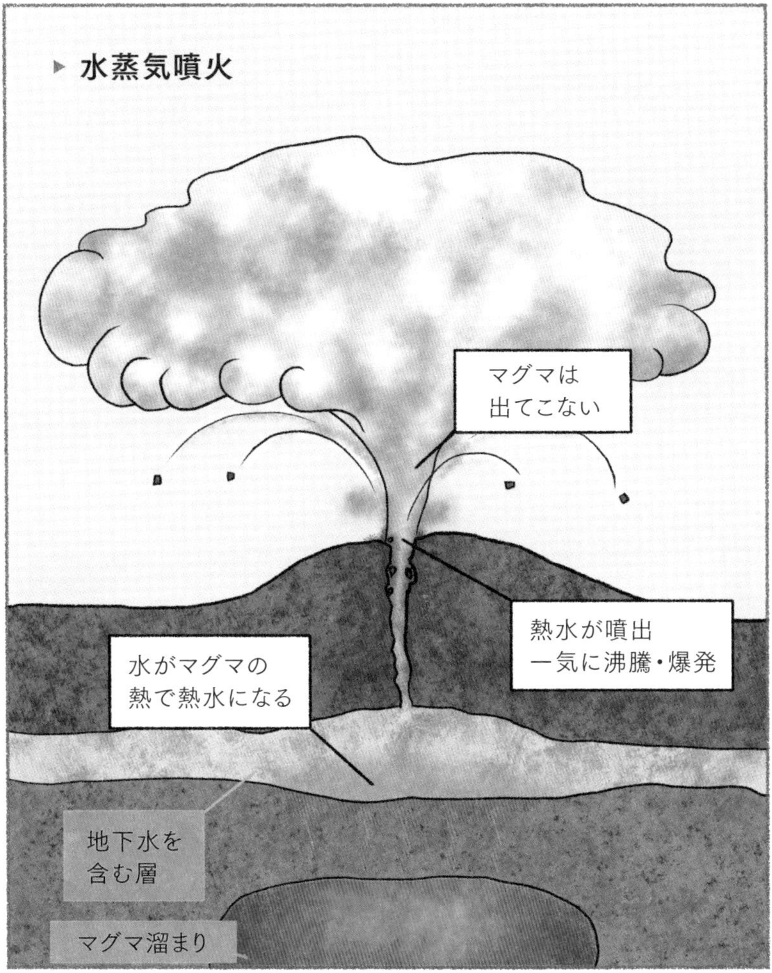
水蒸気噴火
マグマは
出てこない
熱水が噴出
一気に沸騰・爆発
水がマグマの
熱で熱水になる
地下水を
含む層
マグマ溜まり

どーん
水蒸気噴火は、
突然起こること多いんだよ

深海底のひそかな噴火

数多くの火山が深海で噴火を起こしています。中央海嶺を始めとする深海の火山の上を多くの船舶が行き交っていますが、それらの深海底の噴火のほとんどは誰にも気づかれることがありません。それは、深海底の噴火のほとんどは爆発を伴わないからです。

深海底に噴出するマグマも火山ガスが分離した気泡を含んでいます。しかし、深海底に噴出したマグマには数100気圧もの水圧がかかっているので、海底に噴出してもマグマに含まれる気泡が十分に膨張できません。そのため、陸上の火山で起きるような気泡の破裂によってマグマが粉々に砕かれるような爆発噴火が起きにくいのです。噴火がおだやかなので、噴火に伴う地震もごくわずかです。

深海底に噴出した高温のマグマによって加熱された海水も、周囲の圧力が高いために十分に気化・膨張することができません。そのため、浅い海で見られるマグマ水蒸気爆発も起こりにくいのです。

大規模なマグマの噴出が起これば、マグマから分離した火山ガスが噴煙となって拡散します。深海底の噴火でも大量の火山ガスが噴出しているはずです。しかし、噴出した火山ガスも海水に溶け込み大海原に拡散してわからなくなってしまいます。

プレートが生まれる中央海嶺は地球上のマグマのおよそ8割のマグマをつくる巨大火山ですが、そのほとんどが深海底にあるのでその噴火のようすはほとんどわかりません。大海原の下では、人知れず活発な火山活動がいまも続いているのです。

▶ 深海の噴火

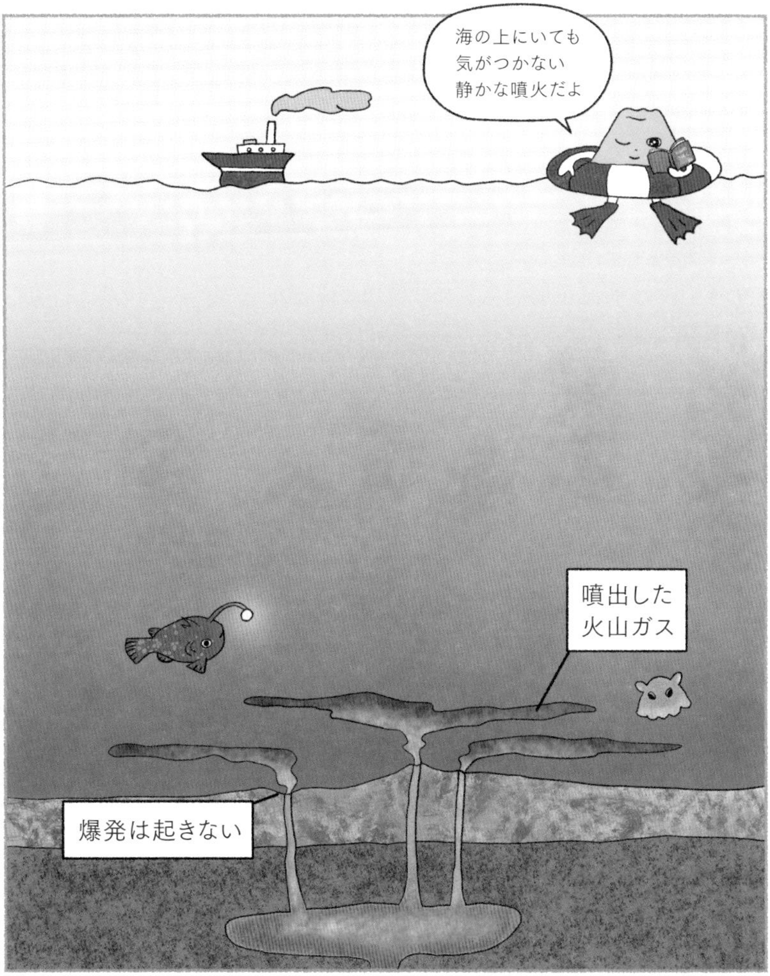
海の上にいても
気がつかない
静かな噴火だよ
噴出した
火山ガス
爆発は起きない

28

噴火の規模

噴火の大きさは、噴火によって地表に噴出した物質の量で表します。規模の大きな噴火では、噴出するもののほとんどはマグマですが、小さい噴火の場合には、火口のまわりにある岩石などがふき飛ばされたものの割合が大きい場合もあります。

一回の噴火で地表に噴出するマグマの量は本当にさまざまです。爆発が日常的に起きている桜島では、一回の爆発で吹き飛ばされるマグマの量は数 1000 トンから数万トンの場合がほとんどです。だいたい、直径 10 ～ 20 m ぐらいの球形のマグマが一度に吹き飛ばされることになります。小さい噴火ですがそれでも上空数 1000 m もの噴煙が立ち上ります。同じ桜島でも 1914 年に起きた大正噴火は日本国内で明治時代以降に起きた最大の噴火です。このときにはおよそ 1.5 km^3、30 億トンのマグマが噴出しました。これは、直径 1.4 km ぐらいの球のマグマの量に相当します。もっと大きな噴火も起きています。桜島は姶良《あいら》カルデラとよばれる巨大なカルデラ火山の中にあります。この姶良カルデラを形作った約 3 万年前に起きた巨大噴火では数 100 km^3 のマグマが噴出したと考えられます。球にすると、直径 4 ～ 5 km ぐらいです。

さいわい、大きな噴火ほどそれが起きる頻度は低くなります。小さい噴火はたくさん起こりますが、大きな噴火はめったに起きません。日本国内で見ても、桜島の大正噴火のような 10 億トンを超えるマグマを噴出する噴火は 100 年に 1 回起きるかどうかですが、1 万トンを超えるような噴火は桜島だけでも 1 年間に何回も起こっています。

東京ドームの体積：124万m^3

4cm：ピンポン球の
大きさ

東京ドームの体積を直径4cmの球にするのと同じ縮尺で、過去のおもな噴火で出たマグマの体積を表すと、直径何cmの球になるかな？ それは動物の体長（鼻先から尾の付け根までの長さ）でいうと、どれくらい？

マグマの量比較データ
①どこの火山？
②いつの噴火？
③マグマの体積は？
④縮めた球の直径は？
⑤④の長さは
動物の体長でいうと？

①富士山
②1707年
③0.7km^3
④33.4cm
⑤ハトくらい

①桜島
②1914年
③1.5km^3
④43.1cm
⑤ウサギくらい

①十和田
②914年
③2.3km^3
④49.7cm
⑤キツネくらい

①姶良カルデラ
②2900年前
③300km^3
④252.0cm
⑤ホッキョクグマくらい

①鬼界カルデラ
②7300年前
③80km^3
④165.5cm
⑤シカくらい

①阿蘇カルデラ
②9万年前
③384km^3
④273.6cm
⑤トラくらい

①トバカルデラ（インドネシア）
②75000年前
③5300km^3
④656.3cm
⑤ゾウぐらい

巨大噴火と陥没カルデラ

数 100 km^3 を超える大量のマグマが一度に噴出すると、巨大噴火が発生します。直径数十 km もあるマグマ溜まりの天井に長さ 10 km 以上、幅が数 100 m もある巨大な割れ目ができて、そこを通って大量のマグマが一度に噴出するのです。あまりに大量のマグマが一度に噴出するので、マグマは噴煙柱となって上昇できず巨大な火砕流となって四方に広がります。ときには、噴火地点から 100 km 以上も離れたところまで火砕流が広がって広大な火砕流の平原をつくりだします。同時に、火砕流から舞い上がった大量の火山灰は数 1000 km 離れたところまで降り注ぎ、上空に漂う噴煙はやがて全地球上に広がっていきます。そのような大量のマグマをはき出したマグマ溜まりは潰れてしまい、マグマ溜まりの上には巨大な陥没カルデラがつくられます。

陥没カルデラとそのまわりに広がる火砕流平原、そしてカルデラから遠く離れたところでも見つかる火山灰層は、かつて起こった巨大噴火の証拠です。世界では、インドネシアのトバカルデラで約 7 万 5 千年前に起きた巨大噴火や、ニュージーランドのタウポカルデラで約 2 万 6500 年前に起きた巨大噴火が知られています。日本でも、阿蘇カルデラで約 9 万年前に起きた巨大噴火では、九州の大部分を火砕流が覆いつくし、その一部は現在の山口県にも届きました。こんな巨大噴火が起きれば、その地域は壊滅してしまいますし、地球規模での気候変動もまぬがれません。将来の巨大噴火を引き起こすマグマ溜まりがどこかに潜んでいるはずです。そうしたマグマ溜まりを見つけるため、火山学者は研究を進めています。

▶ 巨大噴火の広がり（9万年前・阿蘇カルデラ）

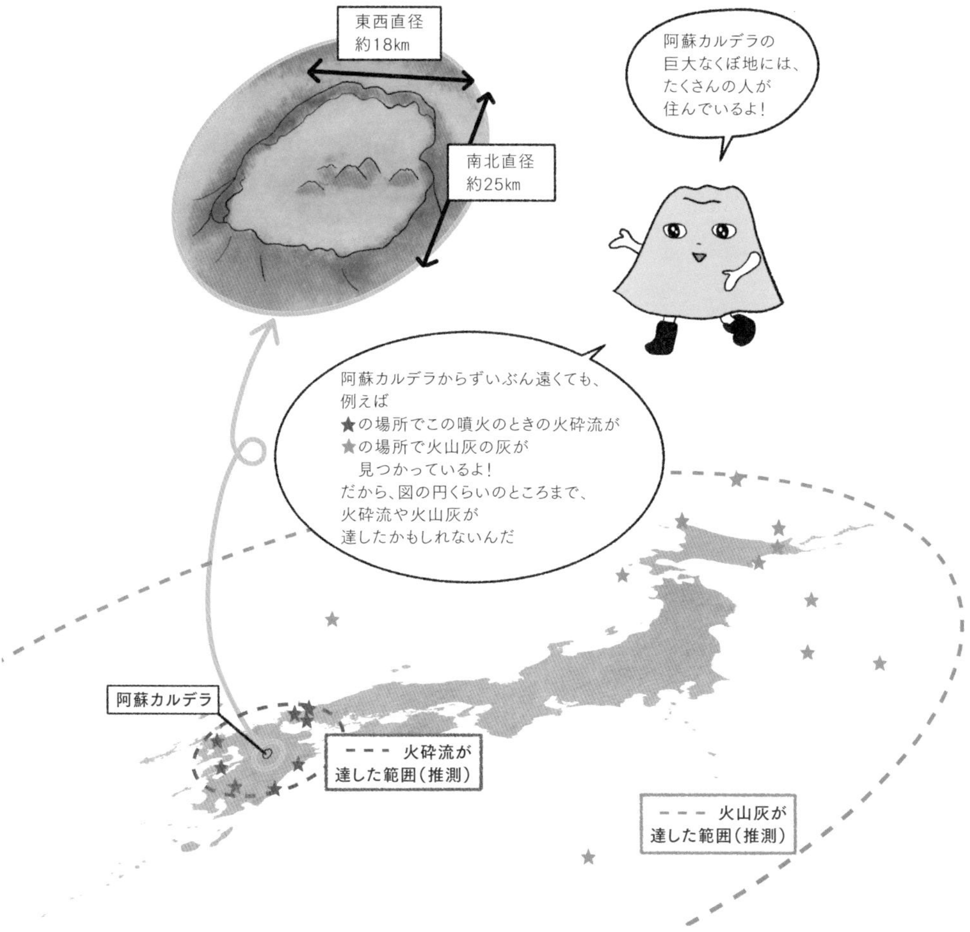
東西直径
約18km
南北直径
約25km
阿蘇カルデラの
巨大なくぼ地には、
たくさんの人が
住んでいるよ！
阿蘇カルデラからずいぶん遠くても、
例えば
★の場所でこの噴火のときの火砕流が
★の場所で火山灰の灰が
見つかっているよ！
だから、図の円くらいのところまで、
火砕流や火山灰が
達したかもしれないんだ
阿蘇カルデラ
火砕流が
達した範囲（推測）
火山灰が
達した範囲（推測）

超巨大火山

さらに巨大な噴火が起きることがあります。そのような超巨大噴火は、カルデラをつくるような一回の爆発的な噴火ではなく、それよりもはるかに大量の玄武岩溶岩が長期間にわたり噴出し続ける噴火です。そのようにして広がった大量の玄武岩溶岩は洪水玄武岩とよばれます。洪水玄武岩は、マントルの深いところから上昇してくるマントルプリュームによって引き起こされると考えられています。

大量の玄武岩マグマの噴出に伴って大気中に放出される火山ガスは地球環境に急激な影響をおよぼし、ときには生物の大量絶滅を招きました。たとえばシベリア中央部に広がるシベリアトラップとよばれる洪水玄武岩は約2億5100万年前に200万年間以上続いた一連の噴火によってつくられた広大な洪水玄武岩で、そのもともとの広さは日本の面積の5倍を超えます。この噴火によって放出された火山ガスなどによる影響で、地球上の生命体のうち8割以上が絶滅し、古生代の生物から中生代の生物への移り変わりが起こったとも考えられています。また、インド北西部のデカン高原をつくるデカントラップとよばれる洪水玄武岩は、白亜紀末から古第三紀初めにあたる6800万年前から数百万年間続いた噴火によってつくられた広大な洪水玄武岩です。デカントラップの噴火もまた地球環境に大きな影響を与え、恐竜を含む中生代型の生物の大量絶滅の原因の一つとなったと考えられています。

このような大規模な生物の絶滅を招いた洪水玄武岩ですが、大量のマグマの噴出によってさまざまな種類の地下資源の鉱床をつくりました。シベリアトラップをつくったマグマ活動でできた鉱床は、世界でも有数のニッケルや白金、パラジウムといった資源の産地となっています。

世界の超巨大火山
超巨大火山

地球儀でも大きく見える火山なんて超巨大!!
シベリアトラップ
デカントラップ
でしょ？火山をイメージした超巨大パフェがあるよ

超巨大火山地球儀

きほんミニコラム

火山の活動の始まりは？

ほとんどの火山で、その火山がどのように活動を始めたのかはよくわかっていません。大きな火山に成長してしまうと、最初のころの活動でできた噴出物は隠されてしまうからです。

最近火山活動を始めたばかりの火山も知られています。新潟県の西端にある新潟焼山《にいがたやけやま》は、約 3000 年前ごろにそれまで火山活動がなかった場所に誕生した火山です。新潟焼山の南東およそ 8 km には約 30 万年前から活動している妙高《みょうこう》火山があり、ひとまとまりの火山群をつくっています。マグマの上昇する位置が少しずつ変わるので、このようにこれまで火山活動がなかった場所に新しい火山ができることもあります。

新しくできた火山がその後も噴火を繰り返して大きな火山に成長するのか、それとも短い活動で終わってしまうのかはわかりません。活発な噴火を続ける浅間山は、東西 20 km 以上にわたって連なる浅間・烏帽《えぼ》子《し》火山群の活火山です。この火山群の中では火山活動はしだいに西から東に移動していて、いちばん東に位置する最も若い火山が浅間山です。このまま活動が続くと、将来浅間山の東に新しい火山ができるのかもしれません。たとえば浅間山のさらに東には、約 2 万 2 千年前の噴火でできた離山《はなれやま》とよばれる溶岩ドームがあるのですが、これが新しい火山の始まりなのか、一回で活動を終わりにしてしまうのかは、誰にもわからないのです。どうなるか、見てみたいですね。

Chapter 4

火山の種類と形

31

すらりとした形の成層火山

地下から噴出したマグマが積み重なってできた高まりが火山体です。火山体にはいろいろな形をしたものがありますが、すらりと円錐《えんすい》形にそびえる富士山のような火山は、火山のイメージにぴったりです。一カ所の火口からマグマが繰り返し噴出して、噴出物が火口のまわりに積み重なるときれいな円錐型の山ができます。こうした火山は、玄武岩から安山岩の火山でよく見られます。

富士山のような円錐型の火山が何でできているか調べてみると、溶岩だけでなく爆発で飛び散ったマグマの破片である火砕物もかなりたくさん見つかります。じつは、高くそびえる円錐型の火山ができるためには、火口のまわりに火砕物が積み重なることが重要です。玄武岩の溶岩は流れやすいので、流れ出た溶岩は急な斜面にはとどまることができず、もっと遠くの山裾まで流れてしまいます。小さな爆発の繰り返しによって飛び散ったマグマのしぶきは互いにくっつきあって火口のまわりに積み上がり、急傾斜の火山体を築くのです。

きれいな円錐型の火山をつくるには、比較的短い時間で火山体をつくり上げることも大事です。長い時間をかけて火山をつくると風雨による侵食でせっかくの火山体に深い谷ができてしまいます。ときには高く積み上がった火山体が、噴火や地震によって一気に崩れてしまうこともあります。また、マグマを噴出する火山の根っこの活動が変化して、違う場所からマグマが出るようになるとできる山の形も乱れてしまいます。富士山のようなきれいな円錐型の火山体は、普通の火山の寿命に比べると短い、数千年から数万年間で一気につくられた火山なのです。若くてきれいな姿の火山ですが、とても不安定です。

成層火山

大きくて緩やかな形の盾状火山

流れやすく薄く広がる玄武岩溶岩がくりかえし噴出して積み上がると、お皿を伏せたような形の緩やかな傾斜の火山体ができます。このような盾状火山とよばれる火山体はハワイなどの玄武岩のホットスポットの火山によく見られます。こうした玄武岩の火山ではマグマのしぶきを吹き上げ火口の近くに積み上げるような噴火をほとんど起こさず、大部分のマグマは流動性の高い溶岩流となって流れ広がってしまうので、急傾斜な火山体ができにくいのです。ハワイ島をつくるマウナロア火山は盾状火山の代表です。溶岩流によってつくられたなめらかで緩い傾斜の火山体を麓から見上げると、まるで巨大なクジラの背中のようです。盾状火山に刻まれた侵食谷を見てみると、薄い溶岩流が無数に積み重なっているようすを見ることができます。

大きな盾状火山をつくるためには、大量の玄武岩マグマが長いあいだ一カ所から集中的に噴出することが必要です。ハワイ火山は地球深部から高温のマントルが上昇するホットスポットにあり、大量のマグマが発生しているので巨大な盾状火山がつくられるのです。また、マグマの粘性が低く爆発的な噴火を起こしにくいことも重要です。そのため、大きな盾状火山は、おもに海洋地殻のホットスポットにつくられます。

盾状火山は地球だけではありません。火星表面にある最大の火山であるオリンポス山もまた、玄武岩溶岩の度重なる噴出によってつくられた巨大な盾状火山です。火星にはプレートテクトニクスが働いていないので、ホットスポットの活動が続く限り一カ所で噴火が続いて、このような巨大な盾状火山ができたと考えられます。

盾状火山

くぼんだ形の
カルデラ火山

火山にはいろいろな形がありますが､くぼんだ地形の火山もあります。カルデラ火山です。地下の浅いところにできたマグマ溜まりに蓄積された大量のマグマが短時間に噴出すると、空になったマグマ溜まりの上の地盤がマグマ溜まりの中に陥没してカルデラとよばれる大きな窪地《くぼち》をつくります。カルデラの大きさは崩壊したマグマ溜まりの大きさを表していると考えられます。さしわたしが数 10 km におよぶ巨大なカルデラもあります。陥没量は 1000 m を超えるものもあります。陥没カルデラは、このように地表に大きくて深い窪地をつくるため、そこに水が溜まると深いカルデラ湖ができます。日本にある水深が深い上位 10 位までの湖のうち、なんと 8 個がカルデラ湖です。

かつてはカルデラ火山ができる前には富士山のような大きなひとつの火山がそびえていたと考えられていました。しかし、最近の研究では、ほとんどのカルデラ火山はそのような大きな火山が陥没したのではなく、小さな火山がいくつも集まっているような場所にできたのではないかと考えられています。

カルデラ火山では、カルデラが陥没した後もマグマの再注入を受けて火山活動が続きます。阿蘇カルデラの真ん中には、カルデラができた後につくられたいくつもの火山があります。そして、巨大なマグマ溜まりにマグマが再充填《じゅうてん》されると、再び大噴火を起こしてカルデラが陥没することもあります。阿蘇カルデラでは少なくとも 4 回このようなカルデラ陥没があったと考えられています。地下で何万年もかけて大量のマグマが溜まって、それがあるとき大噴火を起こし、また溜まる、そういう活動サイクルがあるのです。

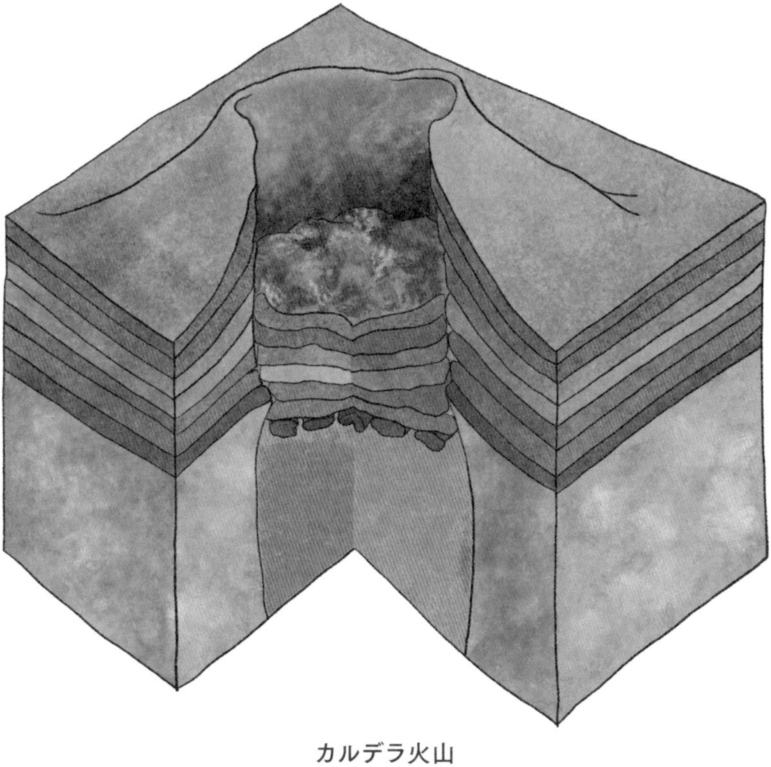

カルデラ火山

盛り上がってできる溶岩ドーム

粘性の高いデイサイトや流紋岩などの溶岩はなかなか流れません。溶岩は火口から噴出してもあまり流れ広がることができず、火口のまわりに盛り上がってごつごつとした溶岩ドームをつくります。雲仙《うんぜん》普《ふ》賢岳《げんだけ》で起こった 1991 年から 1995 年の噴火では、火口から噴出したデイサイト溶岩がつぎつぎと盛り上がってもともとの地面から 200 m 以上も高い平成新山とよばれる溶岩ドームをつくりました。粘性の高い溶岩が噴出する日本の火山には、そうした溶岩ドームがたくさん見られます。溶岩ドームをつくる噴火自体は爆発的ではないのですが、火口を溶岩ドームが覆ってしまうとその下の火道の中の火山ガスの圧力が高まって、ついには溶岩ドームをふき飛ばす大爆発を起こすことがあります。また、山の上にできた溶岩ドームが崩れて火砕流が山麓に流れ下ることもあります。

地下浅いところに貫入《かんにゅう》したマグマが地面を持ち上げて山をつくることもあります。これは潜在溶岩ドームとよばれます。まだ固まっていない土砂など密度が小さく強度も弱い堆積物が広がっているところにマグマが上昇してくると、マグマはその地層の下に潜り込んで地下に溶岩ドームをつくり、上にのっている地層をそのまま持ち上げてしまうことがあります。北海道の有珠山《うすざん》では、こうした地下浅いところに貫入したマグマが持ち上げた潜在溶岩ドームがいくつもあります。1910 年にできた明治新山、1943 年から 1945 年にかけてできた昭和新山、1977 年から 1978 年にできた有珠新山などがそうです。

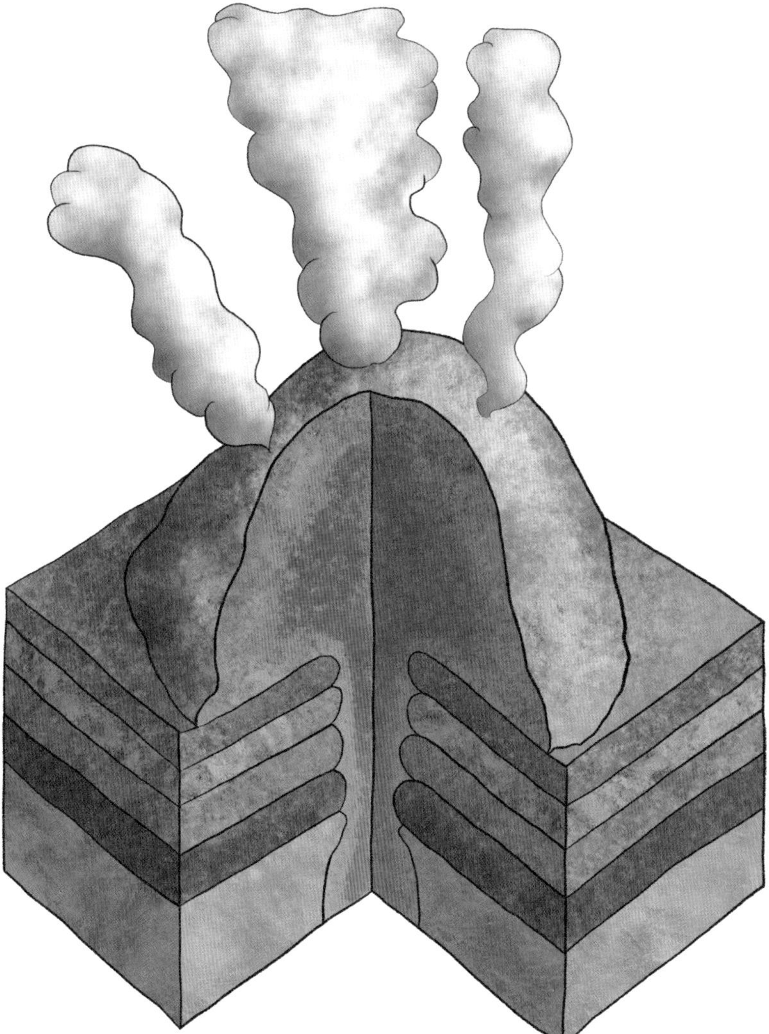

溶岩ドーム

いろいろな火山の姿 スコリア丘とマール

玄武岩や安山岩マグマでしばしば見られるストロンボリ式噴火（p.58）は爆発力が小さいため、火口から飛び出したスコリアのほとんどは火口のまわりの数 100 m の範囲に着地します。噴火が継続するとスコリアが次第に高く降り積もり、やがて火口のまわりから転がり落ちていきます。こうして火口のまわりに急な斜面を持つ円錐形のスコリアの丘がつくられます。スコリア丘は、ひとつづきの一回の噴火でつくられる構造です。スコリア丘は、数日から数ヵ月、長いものでは数年かかってつくられます。ときには、マグマが火口からあふれ出して溶岩となることもあります。スコリア丘をつくる堆積物は溶岩に比べると密度がずっと小さいので、溶岩はスコリア丘の底を伝って山腹からあふれ出します。伊豆半島にある大室山《おおむろやま》や阿蘇の米塚《こめづか》はこのようにしてつくられたスコリア丘で、その山腹からは大量の溶岩流が流れ出ています。

地下のそれほど深くないところでマグマと地下水と接触すると、激しいマグマ水蒸気爆発を起こします。そうすると、火口のまわりの広い範囲の地層が吹き飛ばされて大きな丸い火口がつくられます。激しい爆発で吹き飛ばされた土砂やマグマの破片が火口を取り囲むように丸く堆積します。こうした堆積物でできた構造をタフリングとよびます。地下水との接触によるマグマ水蒸気爆発でできた火口には、噴火が終わるとふたたび地下水が湧き出して溜まり、しばしば丸い池をつくります。こうしてできた火口湖をマールとよびます。ドイツのアイフェル地方にあるマグマ水蒸気爆発でできた火口湖をマールとよんだのがその由来です。

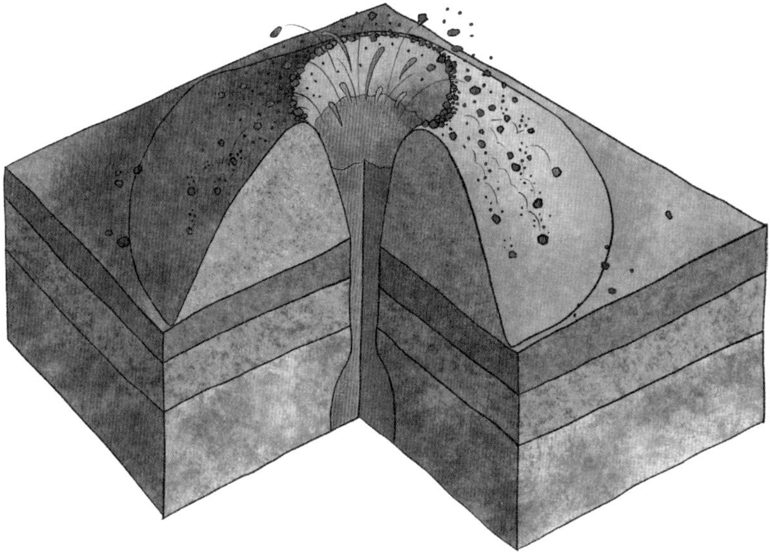

スコリア丘（上）とマール（下）

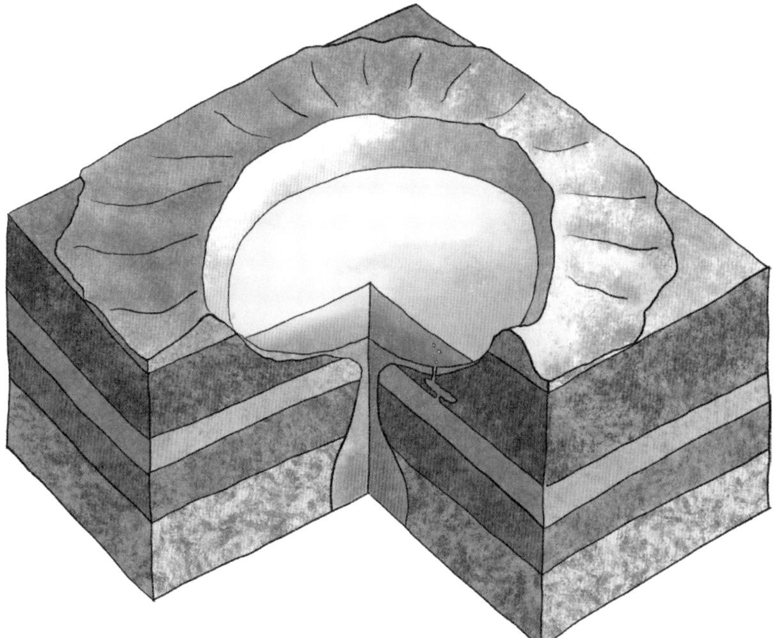

火山が崩れる山体崩壊

長い年月をかけて隆起してできる普通の山に比べると、噴出物が短時間に積み上がってできる高い火山はとても不安定です。ちょっとしたきっかけで、山がまるごと崩れてしまうような大崩壊を起こすことがあります。きっかけはさまざまで、大きな地震によって火山が揺すられて崩れることもあります。マグマが貫入して火山体を膨張変形させると、張り出した火山体が崩壊することもあります。マグマによって熱せられた熱水が火山体をつくる岩石を粘土化させると火山体の強度が低下して崩壊を招くこともあります。

このような大崩壊が起きると、山の高さの10倍以上もの距離まで崩壊した土砂が広がることがあります。また、崩壊した土砂が湖や海に入ると津波を引き起こします。福島県の磐梯山《ばんだいさん》は1888年に大崩壊しました。水蒸気爆発が引き金となり､小磐梯とよばれた峰がまるごと崩壊し、裏磐梯の広い範囲を埋めつくしたのです。雲仙《うんぜん》火山では、1792年に地震によって眉山《まゆやま》とよばれる溶岩ドームが部分的に崩壊しました。島原の城下町の半分を埋め尽くしたほか、有明海になだれこんだ土砂が大津波を引き起こし、“島原大変肥後迷惑”とよばれる大災害となりました。

さらに大規模な崩壊が起きている火山が見つかりました。ハワイ諸島は巨大な盾状火山の集まりですが、その多くの火山の山腹には巨大な地滑りの痕跡が見られます。とくに、ホノルルのあるオアフ島の北側半分は100～150万年ほど前に大崩壊して、海底にそって200 km以上先まで崩壊した火山体の巨大な破片が散らばっています。

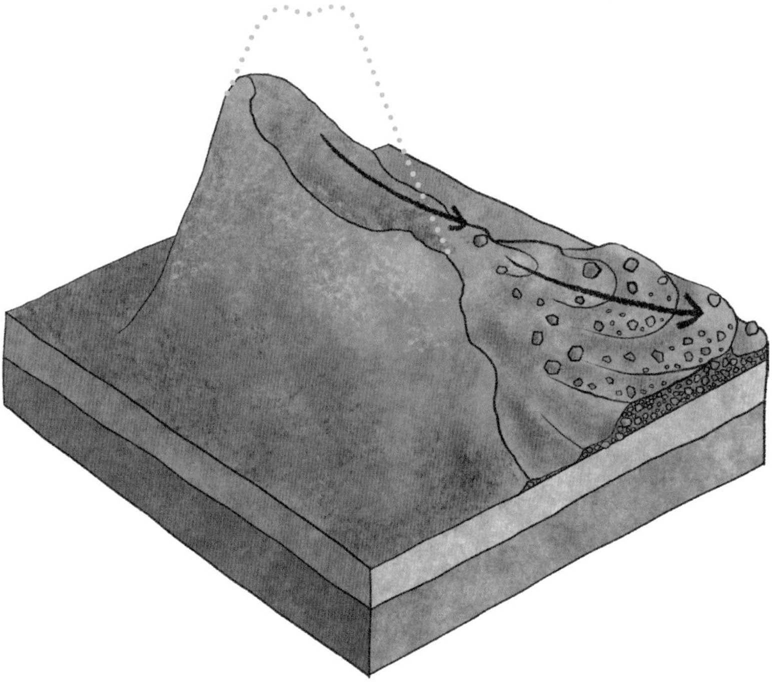

山体崩壊

37

さまざまな時代の火山の集まり火山群

火山は単独で存在するものは少なく、たいてい時代の異なるいくつもの火山が集まって分布しています。なかには、同時に活動している火山もあります。たとえば北海道の道南地域には、支《し》笏《こつ》カルデラや洞爺《とうや》カルデラ、羊蹄山《ようていざん》やニセコといった火山が集まる場所があります。このあたりにはすでに活動をやめてしまった火山も含めて10以上の火山が集まっています。

火山は、上部マントルでできたマグマが地表まで上昇してつくられます。上部マントルのようすはまだよくわかっていないのですが、温度や圧力、マグマをつくるのに必要な水などの成分の分布が偏っていて、マグマのできやすいところと、できにくいところがあるのです。日本列島のような海洋プレートが沈み込んでいるところでは、マントルの中に斜めに沈んでゆく海洋プレートの動きが、まわりのマントル、とくに沈み込む海洋プレートの上側のマントルに複雑な流れをつくります。そのなかで、深いところからマントルが湧き上がるところができると、そこはまわりより

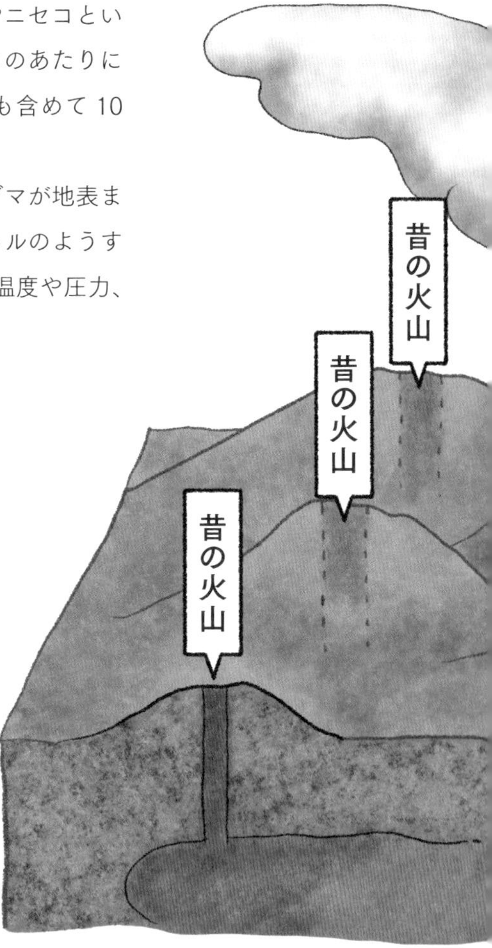

も温度が高いのでマントル岩が融けてマグマが生産され、そのマグマが上昇して火山をつくります。

マントルの湧きあがりは100万年以上も同じような場所で続くのですが、地殻の中のマグマ溜まりやそれを火山まで運ぶ火道《かどう》はもっと短い時間でつくられたり固まったりしてしまうようです。そうすると、少しずつ場所や活動時期をずらしながら、いくつもの火山が生まれては活動を止めたり、また復活したりを繰り返します。こうして、さまざまな時代の火山が集まり、火山群ができると考えられています。

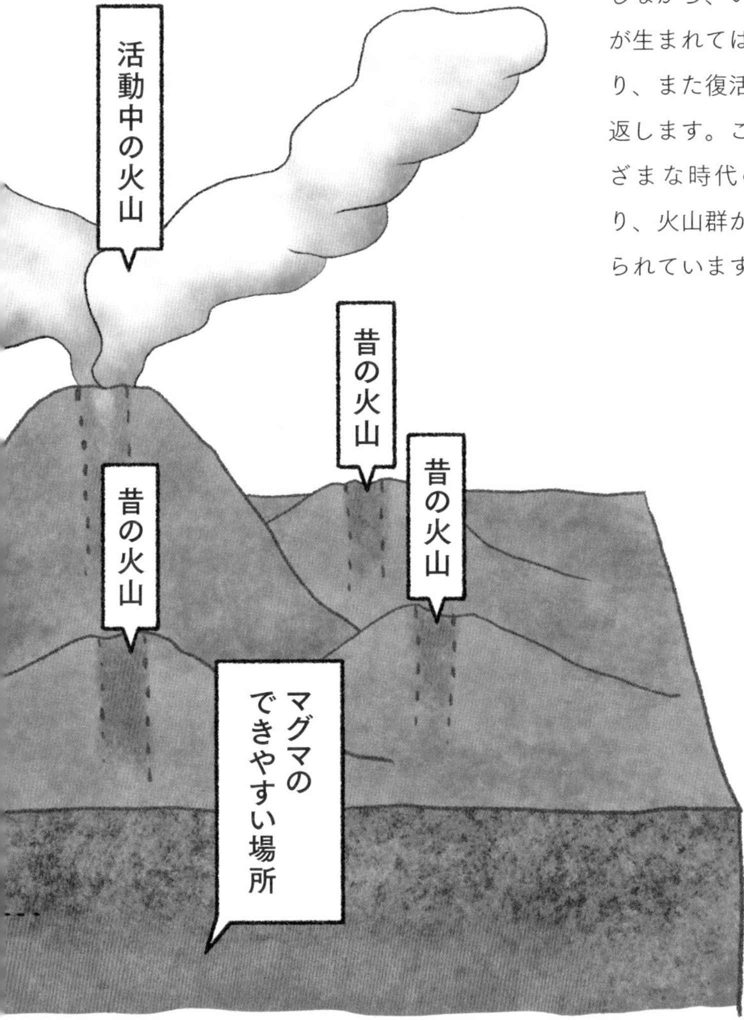

きほんミニコラム

火山と神様

　高くそびえる火山はそれだけでも神々しいものですが、その山が真っ赤なマグマや濛々とした噴煙を噴き出すようすを目にすれば、だれでも畏怖《いふ》の念を覚えるものです。ですから世界の東西を問わず古代の人々は火山には神様が宿っていると信じ、信仰の対象としてきました。いまでもハワイの人々は、溶岩を噴き出す火山を女神ペレが住む神聖な場所と考え、花でつくられたレイやお酒などを火口に捧げています。日本でも火山にはそれぞれ神様が宿っていると信じ、火山のふもとに神社を祀《まつ》ってきました。活発な噴火を続ける阿蘇山では、いまでも火山活動の平穏を祈って火口に御幣《ごへい》を捧げる神事が行われています。

　古代には火山噴火は神様が怒っていると考え、大きな噴火が起きるとその火山の神社を建て直して新しく立派にしたり、神社の官位を上げたりして荒ぶる神様を鎮《しず》めようとしました。そうした神社の建て直しや官位の昇進は詳しく記録されていることがあるので、火山の神社に残された記録を使って昔の噴火活動の様子を復元する研究も行われています。

Chapter 5

火山の噴出物

地表に流れ出したマグマ“溶岩”

地表に流れ出したマグマは溶岩となります。溶岩とはその名の通り溶けた岩です。マグマの種類や噴火のようすによって溶岩はさまざまな形状や構造をつくります。

マグマの種類や温度の違いはマグマの粘性、つまり溶岩の流れやすさを決めます。玄武岩などケイ素の少ないマグマは噴出するときの温度が高く、また鉄やマグネシウム、アルカリ元素などのマグマの粘性を下げる元素が多く含まれるので、その溶岩は粘性が低く流動性に富みます。粘性の低い溶岩は高速で流れることができるので水のように薄く広がります。玄武岩の溶岩はときには秒速 10m 以上の速度で流れ下ることもあります。このような流動性の高い溶岩は窪地に流れ込んで溜まり、溶岩湖をつくることもあります。

一方、流紋岩のようなケイ素が多くて噴出時の温度が低い溶岩は粘性がとても高くなります。流紋岩などの粘性の高いマグマは十分広がらないうちに冷え固まってしまうので、短く厚い溶岩流ができます。ときには火口からほとんど流れずその場で盛り上がり溶岩ドームをつくります。流紋岩の溶岩は極めて粘性が高いので、普通は秒速数 cm 以下の速度でしか流れません。溶岩が流れるところを見ていても動いているのがわからないぐらいの速度です。こうした粘性の高い流紋岩の溶岩流は一見すると岩の固まりのようで、とてもそれが流れたようには見えません。しかし、溶岩流全体の形を空から見ると、やはり粘っこい流体がゆっくりと流れたなめらかな構造が見えます。また、溶岩の内部に含まれる細かい鉱物結晶や気泡が溶岩の流れた方向に沿って配列して流理《りゅうり》とよばれるしま模様が発達することがあります。流紋岩とはそうした流理が発達している特徴からつけられた名前です。

びゅーん
すばやく流れるので
薄く遠くまで広がる

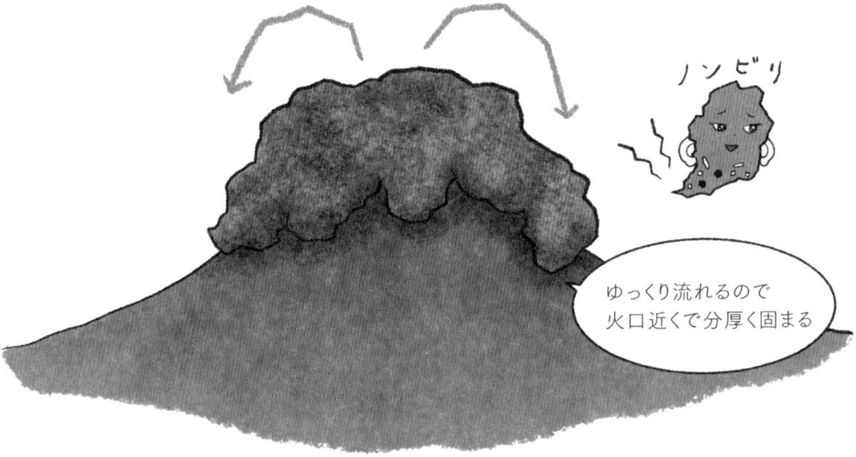
ノンビリ
ゆっくり流れるので
火口近くで分厚く固まる

溶岩の流れ方

噴火したときには高温で粘性が低く流れやすいマグマでも、地表を流れる間に温度が下がって結晶や気泡ができてくるとマグマは流れにくくなり、やがて固まってしまいます。とくに、溶岩の表面は熱放射やまわりの空気による冷却を受けて速く固まります。そうした溶岩表面の固まった部分は内部のまだ溶けている部分の流動に引きずられ、ばらばらに破壊されていきます。このようにしてできた破片が溶岩の表面を覆っているので、溶岩の表面はゴツゴツした岩石の破片でできていることが多いのです。玄武岩や安山岩の溶岩では、よく発泡した比較的小さいブロックが溶岩流の表面を覆うアア溶岩がよく見られます。粘性が高い安山岩からデイサイト、流紋岩の溶岩では、大きなブロックが表面を埋めつくす塊状溶岩ができます。逆に粘性の低い玄武岩の溶岩では溶岩流の表面が壊されずに、流動した形をそのまま残したパホイホイ溶岩ができます。ときには、溶岩流の内部の流れによって溶岩表面の固まりかけた薄皮がよじれて、縄状溶岩とよばれるまるで縄を束ねたような表面をつくることもあります。

溶岩の表面がしっかり固まってしまうとそれが断熱材の役割をはたしてその下にあるまだ高温で溶けている溶岩が冷え固まるのを防ぎます。溶岩の噴出が続くと、表面が固まった溶岩流の中にまだ溶けている溶岩が流れるトンネルのような通路ができ、溶岩はそこを通ってさらに遠くへと流れ、溶岩の端まで来たところで地表に噴き出して広がっていきます。こうしたトンネルを満たしていた溶岩がすっかり外に流れ出してしまうと溶岩洞窟ができます。溶岩洞窟は、粘性の低い溶岩が長時間にわたって噴出した証拠なのです。

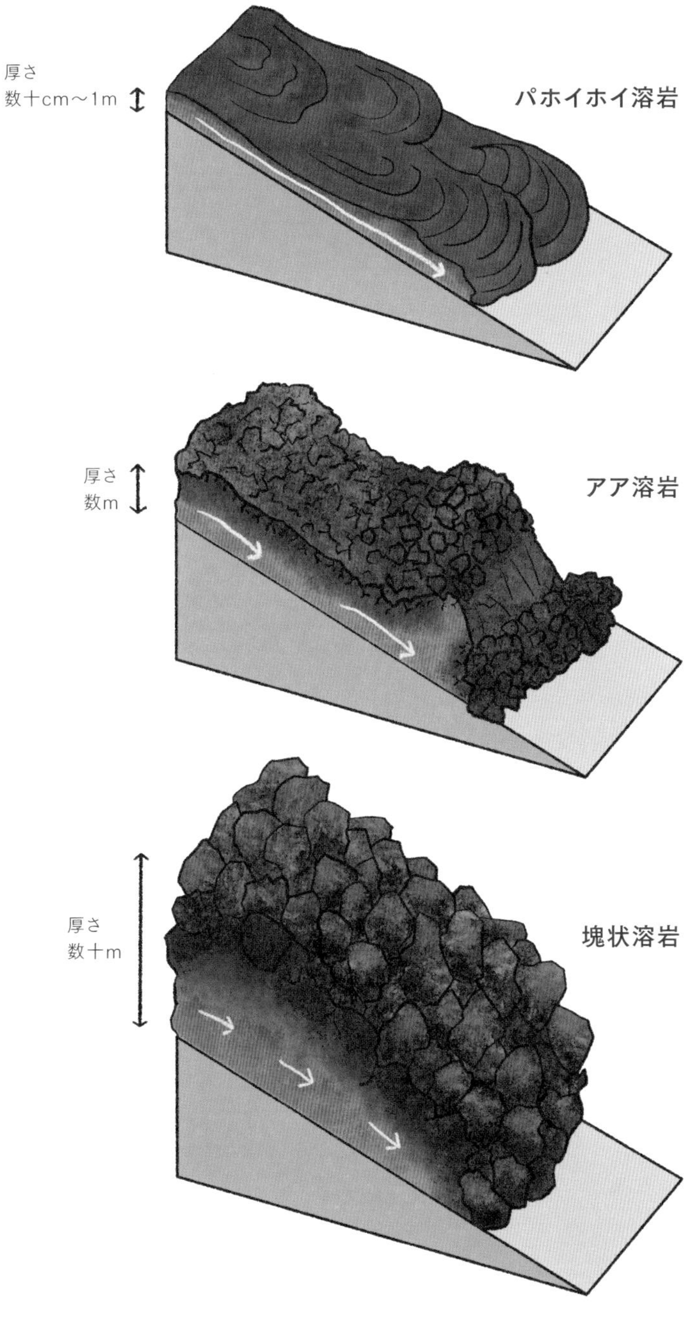

厚さ
数十cm〜1m
パホイホイ溶岩
厚さ
数m
アア溶岩
厚さ
数十m
塊状溶岩

40

空から降ってくる マグマの破片“降下火砕物”

空中をバラバラと降ってくる火山灰や火山礫《れき》を降下火砕物とよびます。火山は地面にあるのに、どうして火山灰や火山礫は空から降ってくるのでしょう。それは、火口から立ち上る噴煙が火山灰や火山礫を空高く持ち上げるからです。

火山ガスや火山灰、火山礫の混じり合った噴煙は、火口から出るとすぐにまわりの空気と激しく混ざり合い、暖められふくらんだ空気と一緒になって上昇します。噴火が激しいと噴煙の上昇速度は一秒間に数 10 m にもなります。そのような激しい上昇気流に乗って、大きな軽石の塊なども上空に持ち上げられてしまうのです。

やがて上空に届いた噴煙の上昇速度が遅くなると、噴煙の中に入っている火山灰や火山礫の粒を持ち上げることができなくなります。すると、こうした粒子が噴煙からこぼれて落下し始めます。大きな粒子ほど早く噴煙から分離し、火山の近くに落下します。なかなか落ちてこない小さい粒子は風にのって遠方まで流されていきます。そのため、ある地点では、噴煙から落ちてくる粒子の大きさは大体同じになります。

上空から降ってくる火山礫や火山灰はいかにも熱そうですが、それは火山に近いところだけです。激しい噴火では噴煙は対流圏と成層圏の境界である圏界面まで届きますが、そこは上空 10 数 km の高さで気温は零下 50 ℃前後の世界です。そのため、火口を出るときは灼熱のマグマだった火山灰や火山礫も、空高く舞い上がった噴煙の中ですっかり冷やされてしまっています。火山灰がまとまって降ってくるときには、上空の冷たい空気も巻き込んで落ちてきます。そのため、火山灰が降るときにはちょっと気温が下がって寒くなることがよくあります。

KAZAN
降下火砕物って?
噴火で出てきた火砕物の中でも、
空から降ってくるもののことだよ

小さいものほど
遠くまで飛ぶよ!
大きい
小さい

41

爆発で飛び出す岩石 “火山弾”

火口の中のマグマに閉じ込められた火山ガスの泡が破裂したり、地下水が沸騰した水蒸気が急激に膨張して爆発すると、弾き飛ばされた岩石やマグマの破片が火口のまわりに飛び散ります。火口から灼熱の岩塊が飛び出すのは、みなさんがよく想像する火山の爆発の姿でしょう。この爆発によってふき飛ばされた岩石の塊が火山弾です。

火山弾はときには秒速数 100 m もの速さで打ち出されることもあります。火口から飛び出した火山弾は放物線を描いて空中を飛行し、やがて地面に落下します。これは、石を手で投げたときの運動と同じです。そして火山弾が届く距離は、火山弾の質量と、火山弾が打ち出される速度と角度によって決まります。桜島や浅間山で繰り返された激しい爆発では、ときには火口から 3 ～ 4 km の距離まで火山弾が届くこともありました。でもほとんどの火山弾はそれほど遠くまで届かず火口のまわりに落下します。こうして爆発を繰り返す火口のまわりに火山弾が積もって火砕丘をつくります。

火山弾が着地する速度は、火口から打ち出される速度とほぼ同じです。高い山の山頂にある火口から飛び出した火山弾が麓に落下するときには、山の高さの分だけ加速されてより速い速度で着地することもあります。秒速数 10 m から数 100 m という猛スピードで岩塊が激突するのでその破壊力は強烈です。大きな火山弾が落下すると、その衝撃で落下点付近の土砂が吹き飛ばされて衝突クレータができることもあります。爆発を繰り返す火山のまわりを歩きまわると、火山弾が地面にぶつかってできたクレータが無数に見つかり、まるで月面のようです。

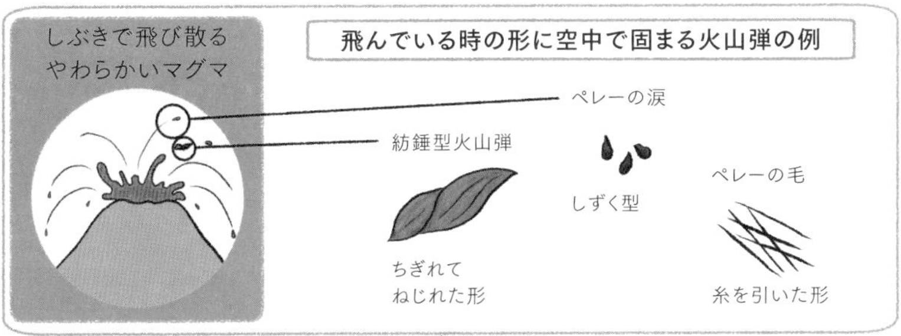

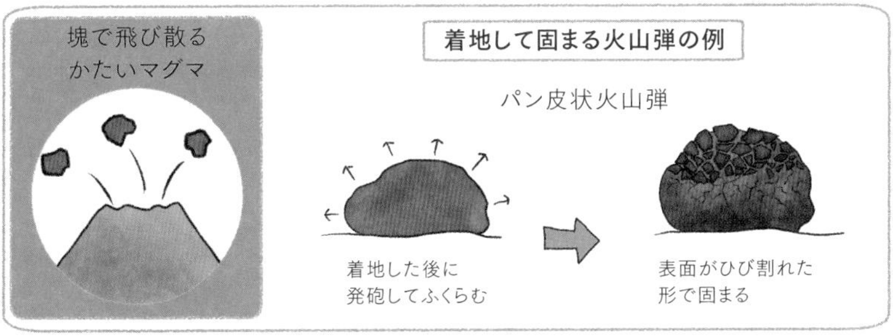

ほかにもいろいろな形の火山弾があるよ！

42

いろいろな火山砕屑物

爆発的な噴火で砕かれてできた岩塊などの粒子を火山砕屑物《さいせつぶつ》、略して火砕物といいます。火山学では直径が64 mmよりも大きなものを火山岩塊、2 mmよりも細かいものを火山灰とよび、その中間を火山礫《れき》とよびます。噴出したマグマが砕かれたものも、爆発によって火口のまわりにあった岩石が破壊されて飛び散ったものも、どちらも火砕物とよびます。また、空中に吹き上げられて着地した粒子も火砕流となって流れ下った粒子も区別せずに火砕物とよびます。

火砕物がどのような粒子でできているかによって、さらにさまざまな名前が付けられます。発泡したマグマが気泡をたくさん含んだ状態で固まった多孔質の粒子は軽石やスコリアとよばれます。軽石は比較的白っぽいもの、スコリアは黒っぽいものを指しますが、中間的なものもたくさんあります。軽石やスコリアはマグマが急速に冷やされてできた粒子なので、普通は火山ガラスからできています。

火砕物の中で、気泡をあまり含まない溶岩の破片を石質岩片とよびます。石質岩片は火口のまわりの岩石が砕かれた場合もありますし、火口の中で固まった溶岩が吹き飛ばされたものもあります。石質岩片は、普通は細かく結晶化した岩石でできています。

火山弾は、マグマのしぶきが冷え固まるときに特徴的な形になった火山岩塊です。空中でガラスが引き伸ばされながら冷え固まったペレーの涙やペレーの毛とよばれる特徴的な形を持つ粒子がつくられることもあります。顕微鏡で見ると、精巧なガラス細工のようです。

細かく砕かれた火砕物を火山灰とよびます。火山灰は、爆発によってマグマや火口周辺の岩石などが細かく砕かれてできた、ガラスや岩石の破片です。

噴火でできた粒子はなんでも火砕砕屑物！

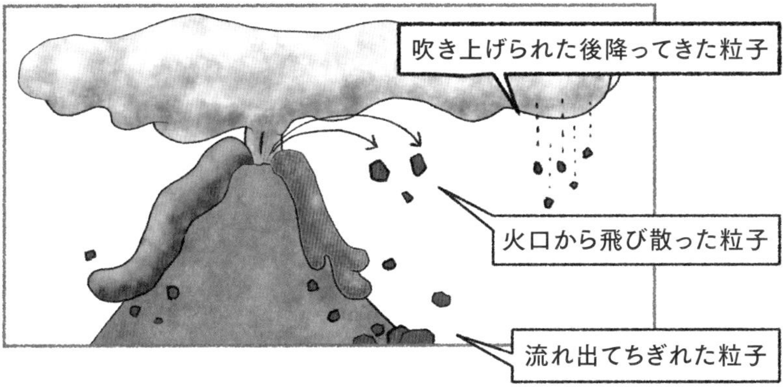

43

火山灰のだんご “火山豆石”

火山豆石《まめいし》という、ちょっと変わった凝灰岩《ぎょうかいがん》があります。丸い玉のような形に固まった火山灰が降り積もった凝灰岩です。

噴煙が上空に向かって上昇すると次第に温度が下がります。やがて噴煙に含まれていた水蒸気が凝結して水滴となります。噴煙の中には大量の火山灰が浮遊していますので、こうした水滴にまわりの火山灰粒子がどんどん取り込まれてまるで泥水の玉のようになります。また火山噴煙に含まれる二酸化硫黄も水滴に溶け込んで硫酸となります。硫酸は火山灰の粒子に含まれるカルシウムと反応して石膏となります。

水蒸気や火山灰粒子がたくさん凝集した粒子は大きくなり、やがて上昇する噴煙から落下し始めます。乾燥した空気中に出ると、火山灰混じりの泥水から水分が蒸発します。すると、泥水に溶けていた石膏がセメントとなって､取り込まれた火山灰粒子をしっかりと固めてしまいます。そのような塊が落下してくると、火山灰が丸く集まり固まった火山豆石ができます。地上付近の空気が湿っていると、火山灰混じりの水滴が乾ききらずに泥水の雨となって降ることもあります。

火山豆石ができるのは、水滴をたくさんつくる水蒸気を多く含む噴煙が上昇するときです。マグマが粉砕しながら大量の水を蒸発させるマグマ水蒸気噴火の噴煙は大量の水蒸気を含んでいますので火山豆石ができやすいのです。火砕流が海や湖に流入して火山灰と水蒸気の混ざった噴煙が上がるときにもやはり火山豆石がたくさんつくられます。

火山豆石は、噴煙に水蒸気が多量に含まれ、またそれが液体の水となって空中で火山灰を集めることによってできます。ですから、火山豆石は表面に液体の水がある地球に独特の噴出物なのです。

今日は火山豆石の
つくり方教えます。
材料は、水と火山灰……
とってもかわいい
火山豆石
1〜2cm前後
先生！
豆は入れますか？
MEMO
入れません

火山豆石のできかた

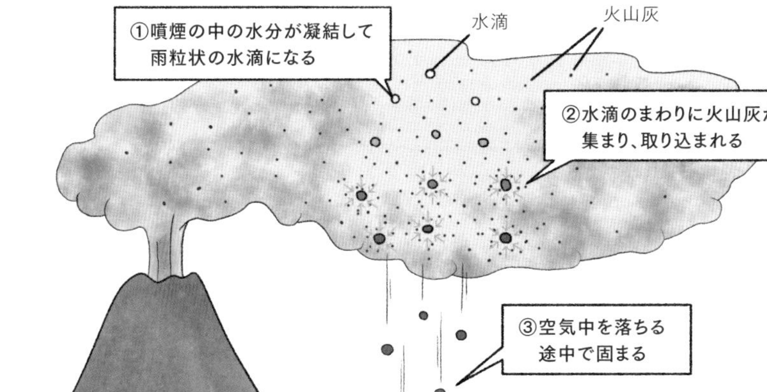
①噴煙の中の水分が凝結して
雨粒状の水滴になる
水滴
火山灰
②水滴のまわりに火山灰が
集まり、取り込まれる
③空気中を落ちる
途中で固まる

44

火口から噴き上がる噴煙

火山噴火といえば山頂からもくもくと立ち上る灰色の煙です。噴煙はどうやって空をのぼっていくのでしょう。火口から勢いよく噴き出した火山ガスは、その勢いでまわりの大気を巻き込みます。火口から噴出した火山灰や火山ガスは高温なので、噴煙にまきこまれた空気は暖められて膨張します。膨張した空気はまわりの空気よりも密度が小さくなるので、火山ガスや火山灰といっしょに熱気球のように上空に向かってのぼり始めます。こうして、火口から噴煙が立ち上るのです。

大気は上空にいくほど薄くなり密度が小さくなります，上昇する噴煙も気圧の減少にしたがい膨張して密度が小さくなるのですが、やがて噴煙とまわりの大気の密度が釣り合う高さまで上昇すると、もはや浮力では上昇できなくなるのでその高さで横に広がります。上昇しなくなった噴煙は火山灰粒子を持ち上げることができないので、火山灰粒子がつぎつぎと落ちてしまいます。また横に広がる間にもまわりの空気と混じり合うので噴煙は次第に薄くなり、やがて大気のなかに溶け込んでいってしまいます。

噴火が穏やかなときには、まっ白な噴煙が立ち上ることもあります。白く見えるのは、噴出する火山ガスの大部分を占める水蒸気が冷やされて細かな水滴となったものです。この白い噴煙に火山灰が混じると、噴煙の色は次第に濃い灰色になってきます。白い噴煙は爆発がほとんど起きていないとき、濃い灰色の噴煙は、火口の中で爆発が起きてマグマや岩石が砕かれ、火山灰がたくさんつくられているときです。ですから、噴煙の色は噴火の活発さのバロメーターです。

激しく火山灰を噴き上げる噴火

火山ガスだけが吹き出す噴火

マグマを調べる手がかり“火山灰”

火山噴火で噴き出す火砕物のうち、粒の大きさが2 mmよりも細かいものを火山灰とよびます。電子顕微鏡で観察して見ると1/1000 mmよりも細かい粒子もたくさん含まれていることがわかります。

火山灰は、マグマや岩盤をつくる岩石が粉々に破壊されてできます。ですから、マグマが固まった火山ガラスの破片のこともありますし、結晶化した岩石からできていることもあります。

普通の砂粒は、岩石が砕けて粒子になってから長い距離を水や風によって運ばれます。その途中で粒子同士がこすれ合うので、粒子の角がとれて丸みを帯びた形になります。しかし、火山灰の粒子は爆発で砕かれたあと、すぐに噴煙にのって運ばれるので，流れの中で粒子同士がこすれ合う機会がほとんどありません。むしろ勢いよく衝突を繰り返しどんどん砕けていきます。ですから、火山灰をつくる粒子は鋭く角張った形をしています。

火山灰はガラスや岩石の尖った粉ですから、火山灰がついたガラスやプラスチック製品などをうっかり強く拭いてしまうとたちまち傷だらけになってしまいます。細かく軽いので、火山灰は風が吹くたびに舞い上がり、目も開けられなくなることもしばしばです。吸い込んでしまったら大変です。

ですが、火山灰は噴火しているマグマを手に入れることができる貴重な資料です。火山学者は、火山灰にどんな粒子がどれぐらい入っているかを調べることで、噴火を起こしているマグマの状態や爆発のメカニズムを探ろうとします。火山灰は、火山からの手紙です。

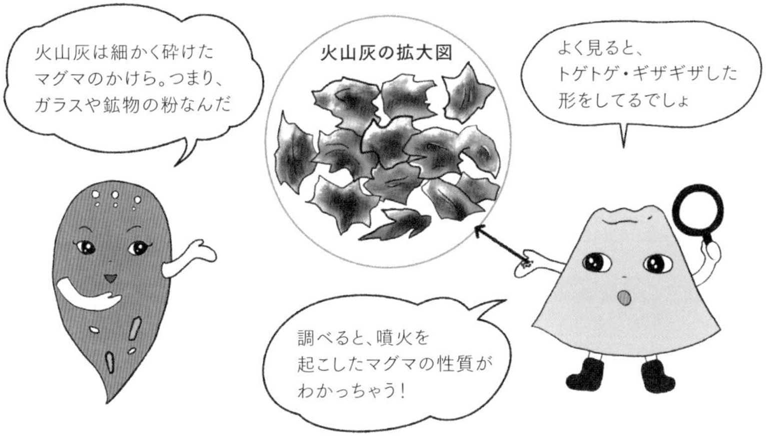
火山灰は細かく砕けたマグマのかけら。つまり、ガラスや鉱物の粉なんだ
火山灰の拡大図
よく見ると、トゲトゲ・ギザギザした形をしてるでしょ
調べると、噴火を起こしたマグマの性質がわかっちゃう！

火山灰が降ると、いろいろなものを覆ってしまうよ
木が枯れないように払ってあげようっと
ふーっ
吸い込んだり目に入らいないよう気をつけてね

46 地表に沿って流れる火砕流

火山ガスや火山灰などの塊である噴煙が火口からふき出るときに、まわりの空気と十分に混ざり合わないことがあります。そうなると、火山灰や火山礫《れき》などをたくさん含んだ噴煙はまわりの空気よりも密度が大きいままので噴煙となって上空に昇ることができず、空気を押しのけながら地面にそって流れ広がることがあります。火砕流です。

火砕流はまわりの冷たい空気とほとんど混ざらず、また気圧が低い上空に上昇して膨張しないので、流れている間も温度がなかなか下がりません。しかも、まだ熱いマグマの破片をたくさん含んでいます。ですから火砕流からできる堆積物は高温で、覆われたものはすべて焼き尽くされてしまいます。火砕流が残した堆積物の中には火砕流に巻き込まれて真っ黒な炭になった樹木がよく見つかります。もっと温度が高いと、まだ高温で軟らかいマグマの破片同士がくっついてしまって、溶結凝灰岩というかたい岩石になってしまうこともあります。

火砕流の流れるスピードは秒速数 10 m にも達します。台風の暴風よりも強烈です。そのため火砕流に巻き込まれると、太い樹木でもたやすく折られ、根こそぎ吹き飛ばされてしまいます。

火砕流がどこまで流れるかは、地形や火砕流の規模にもよります。溶岩ドームが崩れて生じるような小さい火砕流だと山裾を流れ下るぐらいですが、カルデラ火山から噴き出す巨大な火砕流は、ときには 100 km 以上も遠くまで届くことがあります。

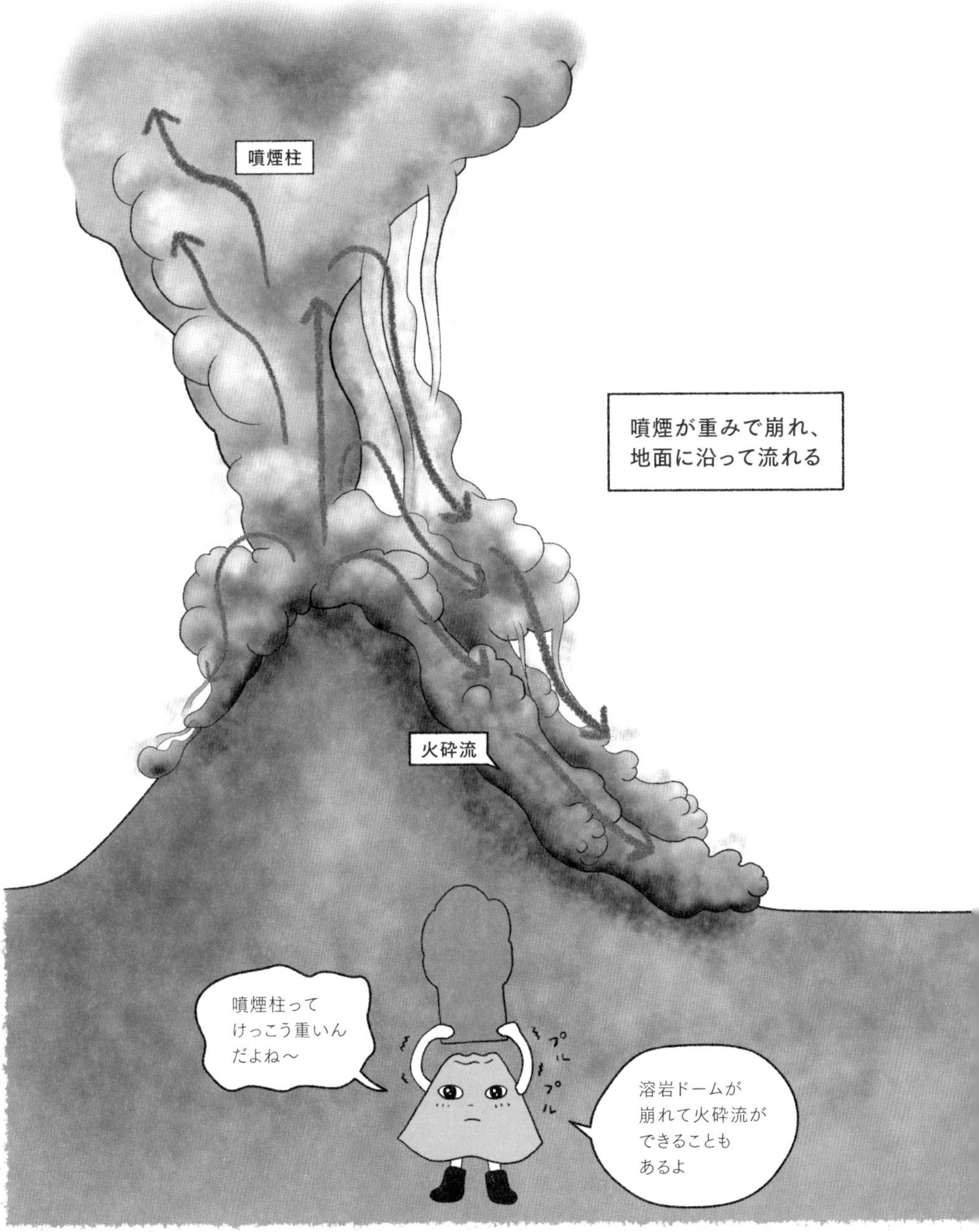
噴煙柱
噴煙が重みで崩れ、
地面に沿って流れる
火砕流
噴煙柱って
けっこう重いん
だよね～
プル
プル
溶岩ドームが
崩れて火砕流が
できることも
あるよ

火山ガス

マグマにはいろいろな物質が含まれています。そのうち、高い圧力がかかっているところではマグマに溶け込んでいるけれども、圧力が下がるとマグマから分離して気体となる成分を火山ガスとよびます。

火山ガスの９割以上は水蒸気です。そのほか二酸化炭素や二酸化硫黄、硫化水素などいろいろな成分が少量ずつ含まれています。地下のマグマに含まれるこうした火山ガスの成分は、マグマの種類にもよりますがマグマ全体の重量の５％を超えることもあります。ところが地表に噴出してマグマにかかる圧力が１気圧まで減少すると、マグマにはほとんど火山ガスの成分は溶け込むことができません。また、マグマが冷え固まって鉱物の結晶となるときにも、鉱物にはほとんど火山ガスの成分は入りません。そのためマグマが浅いところまで上昇して結晶化すると、マグマに含まれていた火山ガス成分はほとんどマグマの外にはき出されてしまいます。

マグマからはき出されたガスはやがて噴気となって大気に放出されます。火口から立ち上る白い蒸気はこうした火山ガスです。火山ガスの大部分は水蒸気と二酸化炭素ですが、少量含まれている二酸化硫黄や硫化水素は有毒なガスで、多量に吸い込むと危険です。また、二酸化硫黄ガスは空中で酸化して硫酸の細かい液滴となります。そうした硫酸が溶け込んだ水が酸性の雨や霧となって降ると、植物が枯れてしまうこともあります。火山ガスが地下水に溶け込むと温泉になります。火山のそばによく見られる白く濁った硫黄泉は、火山ガスから出てきた硫黄の細かい粒がお湯に含まれているから白く濁って見えるのです。

火山ガスはマグマの泡から出てくる

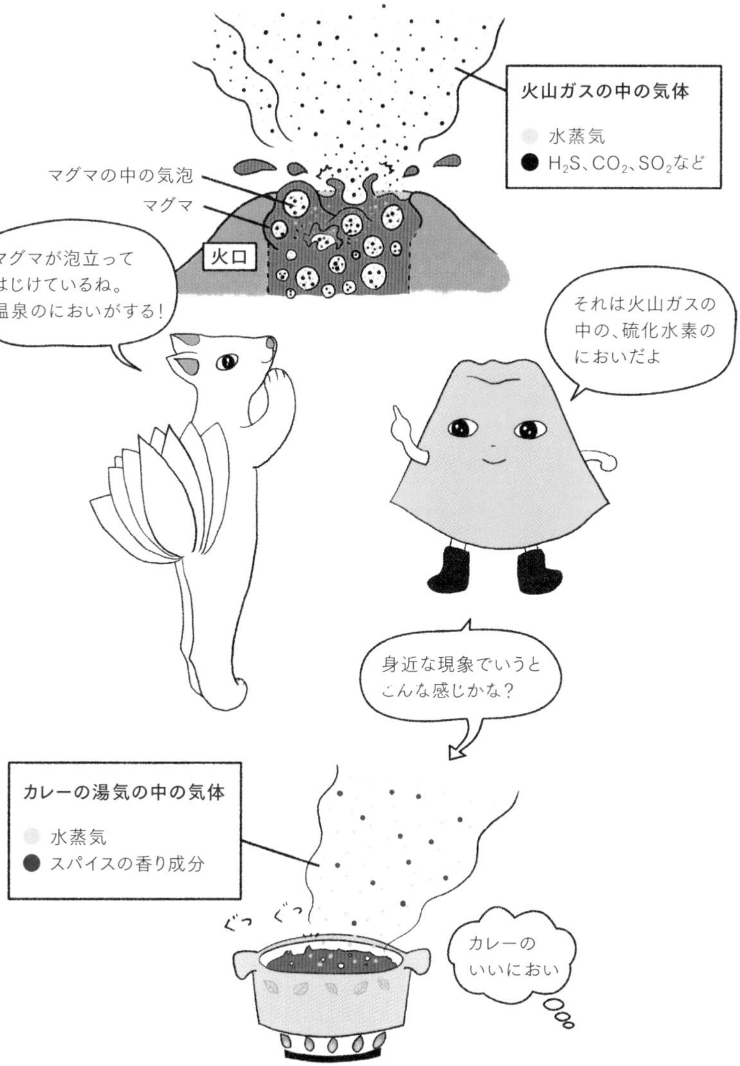

火山ガスの中の気体
水蒸気
H_2S、CO_2、SO_2など
マグマの中の気泡
マグマ
火口
マグマが泡立って
はじけているね。
温泉のにおいがする!
それは火山ガスの
中の、硫化水素の
においだよ
身近な現象でいうと
こんな感じかな?
カレーの湯気の中の気体
水蒸気
スパイスの香り成分
ぐつ ぐつ
カレーの
いいにおい

48

火山の噴出物

火山がつくり出す地層

火山のまわりにはさまざまな噴出物が積み重なった地層が見られます。火口の近くには爆発で噴き飛ばされた火山弾などの大きくて重い岩塊が降り積もるため、角張った大きな岩塊をたくさん含んだ地層ができます。まだ融けている高温の噴出物が急速に堆積すると、ときには噴出物同士が癒着《ゆちゃく》してかたい岩石のような堆積物になってしまうこともあります。高温の堆積物が空気にふれて酸化し、特徴的な赤茶色の地層をつくることもあります。火口から流れ出した火砕流や溶岩が地層に挟まれていることもあります。

火山から少し離れると火山弾などの岩塊や溶岩流などは届かなくなり、噴煙によって上空まで巻き上げられてから落下してきた火山礫《れき》や火山灰がおもに堆積します。日本列島では、上空まで上昇した噴煙は偏西風にのって移動するので、風下にあたる火山の東側ではとくにたくさんの堆積物を見ることができます。大規模な噴火が起きると、ごく細かい火山灰が数百 km から数千 km 先まで降り注いで地層をつくることがあります。こうして、噴火のたびに少しずつ地層が積み重なっていきます。

火山のまわりには、噴火以外のときにも地層がつくられます。噴出物が急速に堆積してできた火山は急峻で崩れやすいため、噴火が起きるとすぐに激しい侵食を受けます。そうして削られた土砂は土石流や火山泥流となって谷筋を流れ下り、傾斜が緩くなった山麓に堆積して山麓扇状地をつくります。土石流や火山泥流は大きな岩塊を遠くまで押し流すので巨大な礫を含んでいますが、流されてくる途中で岩塊が磨耗して角が丸くなっているのが特徴です。火山がつくった地層は、まるで火山噴火の履歴書のようです。

地層は火山の歴史

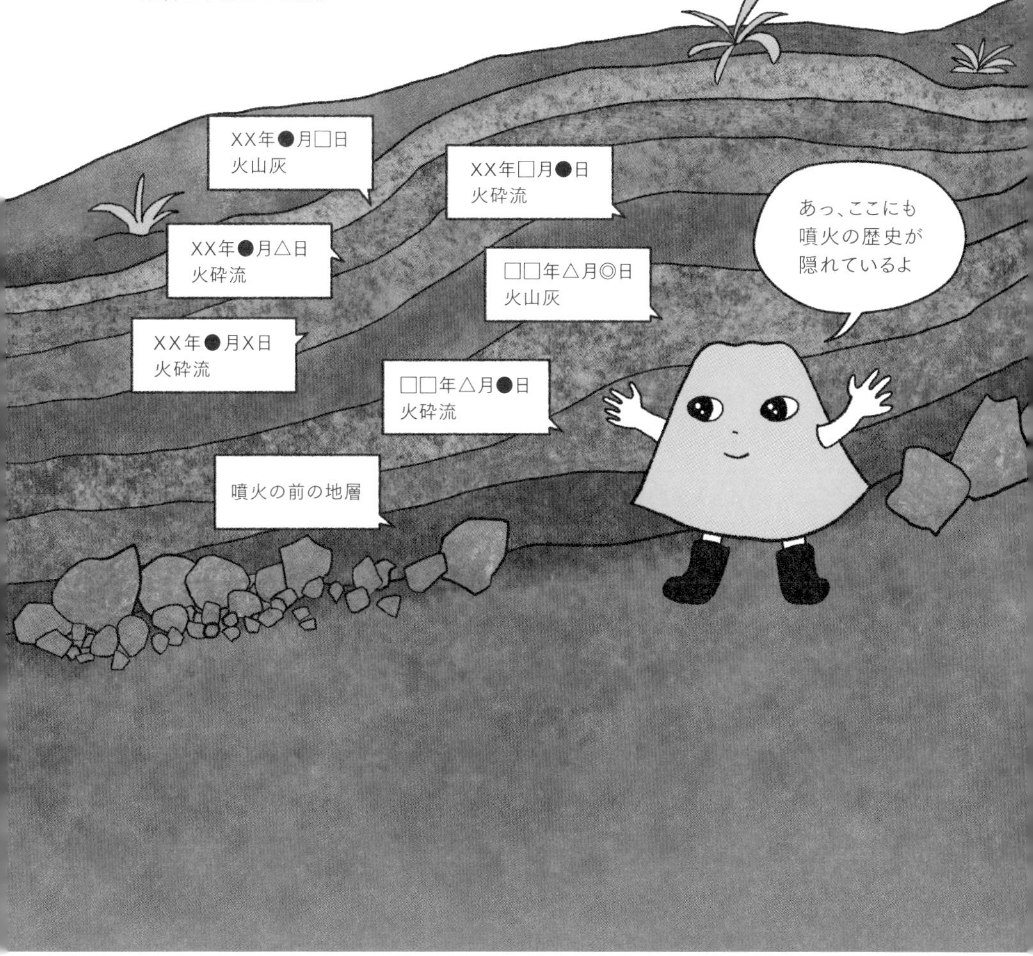
XX年●月□日
火山灰
XX年□月●日
火砕流
あっ、ここにも
噴火の歴史が
隠れているよ
XX年●月△日
火砕流
□□年△月◎日
火山灰
XX年●月X日
火砕流
□□年△月●日
火砕流
噴火の前の地層

きほんミニコラム

マグマに入っている鉱物を見よう

園芸店で売っている「鹿沼土」は、群馬県の赤城《あかぎ》火山が約５万年前の大規模な噴火で噴出した軽石が風化したものです。園芸土として広く使われているので、簡単に手に入る火山噴出物です。この鹿沼土からマグマに含まれていた鉱物結晶を取り出してみましょう。

鹿沼土は長い間地表ちかくにあったため、もともと火山ガラスだった部分はすっかり風化して黄土色の粘土に置き換わっています。でもマグマに含まれていた鉱物結晶はガラスよりも風化に強いのでそのまま残っています。そこで、「椀がけ法」といいう方法で、風化した粘土と鉱物結晶を分離させます。椀がけ法は、水を使って砂金など重たい鉱物を集める伝統的な方法です。木づちなどで鹿沼土を軽く叩いて潰し、それを深めのお皿に入れて鹿沼土が浸る程度に水を加えます。ふやけたところをさらに指ですりつぶして鉱物結晶に付いている粘土をこすり落とします。ざらざらした感触になったら、お皿にいっぱいに水を加えて軽くかき回し、鉱物の粒子が沈むのを数秒待ってから上澄みの泥水を流します。水が濁らなくなるまで、これを何回も繰り返します。お米をとぐ要領です。最後にお皿の底に残った鉱物粒子を乾かしたら、完成です。

ルーペや顕微鏡を使って観察すると、マグマの中に浮かんでいた鉱物結晶がたくさん見えるでしょう。灼熱のマグマの中にはこんな結晶が無数に浮かんでいるのですね。

Chapter 6

噴火と環境

49

海底火山の噴火で島が生まれる

海底火山の噴火によって多くの島がつくられます。噴出した溶岩が次々と積み重なることによって海底火山が成長し、それが海面まで届くと火山島が生まれます。

太平洋の真ん中にあるハワイ諸島はハワイホットスポットで噴出する大量のマグマにより次々とつくられた火山島の集まりです。今でもハワイ島では噴火が続いており、海に流れ込む溶岩によって島が拡大しています。またハワイ島の沖合にはロイヒとよばれる海底火山があり、盛んに噴火して海面に向かって成長中です。将来、ハワイ諸島に新しい火山島が加わるかもしれません。

火山島の生き残りは、打ち寄せる波との戦いです。海底火山が海面近くまで高くなってくると波による侵食が始まります。侵食のスピードを上回る速度で溶岩が噴出して広がると次第に火山島は拡大していきますが、噴火が収まれば波による絶え間ない侵食を受けて島は小さくなっていきます。小笠原諸島の福徳岡《ふくとくおか》ノ場《ば》とよばれる海底火山は活発な活火山で、水深数 10 m の浅い火口からの噴火によってこれまでもたびたび火山島がつくられていますが、すべて数ヵ月から数年で消滅していました。2021 年 8 月の噴火でも、おもに軽石でできた直径およそ 1 km、高さ数 10 m もの火山島ができましたが、噴火が終わるとすぐに激しい波浪によって侵食され、半年もたたずに消滅してしまいました。火山島を大きくするには、波に削られにくいかたい溶岩が海岸を固めることが大事なのです。

海上の対決！
島を大きくするぞ～！
火山くん
V.S.
そうはさせるか！
波ちゃん
溶岩が島を広げている
波が島を削っている

50

噴火後の植生の回復

火山噴火は、生えている植物をすべて焼き払い、ぶ厚い堆積物や溶岩の下敷きにしてしまいます。しかし、そうした世界にも噴火が終わるとかならず生きものが戻ってきます。

溶岩の表面にまず侵入してくるのは，コケ類や地衣類です。やがて、ゴツゴツした溶岩のくぼみに砂ぼこりが溜まり始めると、そこを根掛かりにして乾燥に強い草が生え始めます。すると、繁った草に砂ぼこりや落ち葉がとらえられ、何もなかった溶岩の上に土壌が形成され始めます。土壌ができると、樹木の種が発芽できるようになります。最初に育ち始めるのは、強い日光を好み乾燥にも強い陽樹《ようじゅ》とよばれる植物たちです。九州の火山の初夏を彩るミヤマキリシマやマルバサツキは、噴火で荒廃した土地に最初に生きつく陽樹たちの代表です。そしてもっと背の高い陽樹が後を追うように育ち始め、やがて森林をつくります。

陽樹の森ができると、地面に届く日光が遮《さえぎ》られてしまいます。すると強い日光を必要とする陽樹の若木は育てません。そんな薄暗い森の中でも育つことができる陰樹《いんじゅ》とよばれるシイやカシなどの若木が育ち始め、やがて陰樹の大木からなる森に変わっていきます。

森林の復活のスピードはその土地の気候に支配されます。九州南端の桜島の大正溶岩は噴火から100年ちょっとしか経っていませんが、すっかり陽樹の森林に覆われています。でも北東北地方の岩手県にある岩手山の焼走《やけはし》り溶岩は、噴火から300年が経過した今もゴツゴツした溶岩がむき出しの状態で、森林の回復はまだまだ先です。もちろん、森林の回復の途中で次の噴火が起きればまた溶岩で覆われた荒れ地に逆戻りしますが、いつか火山活動は終息します。そしてどの火山もやがて緑深い森林に覆われていくのです。

火山くんファッションの歴史？

▶ 噴火後の植生の回復

噴火
着るものが ないよ～
STEP 1
全部枯れちゃって 真っ黒こげだ！
STEP2
それでも、少しずつ 土ができて、植物が 戻ってくるよ
コケがおしゃれ でしょ～
STEP3
草が増えて いい感じ♪
いずれは森に 覆われるんだ
火山の植生 回復への道

51

噴火が気候を変える

大規模な噴火は地球規模の気候変動を引き起こすことがあります。成層圏に吹き上げられたごく細かい火山灰の粒子や、火山ガスからつくられる微細な液滴であるエアロゾルは、噴火の規模にもよりますが数年にわたって大気圏を漂い続けます。こうした微粒子は太陽からの放射を遮《さえぎ》り、また反射してしまうため、地表まで届く太陽放射エネルギーが減少して寒冷化とそれに伴う大気の循環の変化を引き起こします。大規模な噴火による急激な寒冷化は「火山の冬」として知られます。

1991年のフィリピン・ピナツボ火山の噴火は20世紀に起きた火山噴火の中では最大級の噴火でしたが、この噴火の翌年から翌々年にかけて北半球の各地で冷夏による被害が起きました。日本でも1993年の冷夏により記録的な米の不作が起き、海外から米を緊急輸入しなければなりませんでした。1815年に起きたインドネシア・タンボラ火山の噴火は過去千年間でも最大級の噴火で、世界の気候に深刻な被害をもたらしたことで知られています。この噴火の翌年の1816年には「夏のない年」とよばれる大冷夏が北米やヨーロッパを襲い、穀物類の大不作による大飢饉が起きました。この飢饉によりヨーロッパでは20万人以上の人が亡くなったのではないかと考えられています。また中国やインドでも異常気象による被害がでています。このように、遠く離れた火山の大噴火でも、「火山の冬」によって全世界的に被害が出る可能性があります。

エアロゾルや
火山灰の微粒子
太陽の放射
(光やエネルギー)を
反射する
なんだか薄暗く
なっちゃったよ
巨大な隕石の衝突でも
似た現象が
起こることがあるよ
隕石の冬

52 マグマのエネルギーを活用する地熱発電

真っ赤にかがやく高温のマグマはエネルギーの塊のように見えます。このエネルギーをなんとか取り出して利用しようというのが地熱利用です。マグマの熱を直接取り出して使うのはまだ技術的にむずかしいので、そのかわりにマグマの熱で温められた地下の熱水を利用した発電が行われています。現在行われている大規模な地熱発電では、地下１km以上もの深さにある熱水に向かって井戸を掘り、圧力を下げて水蒸気を取り出してその圧力で発電機を回します。

しかし、地下の熱水を使った地熱発電にはさまざまな困難があります。まず、地下に発電を続けるのに十分な熱水があるかどうかは実際に穴を掘って調べるボーリング調査をしてみないとわかりません。また、十分な熱水を掘り当てても、発電用の井戸を維持するのは大変です。地下の熱水にはさまざまな成分が溶け込んでいるので、蒸気を取り出すために圧力や温度を下げるとその成分が鉱物となってパイプを目詰まりさせてしまうからです。そのため、井戸を掘り直さなければならないこともしばしばあります。地下の熱水をくみ上げるので、周辺の温泉に影響が出るのではという心配もあります。

こうした問題を解決するためにさまざまな工夫が行われています。たとえば、地下にある自然の熱水をくみ上げるのではなく、地下の高温の岩体に水を注入し、地熱で高温になった水を取り出して発電するシステムが研究されています。地熱がある場所ならば、地下の熱水を探さなくても地熱発電ができるので注目されています。費用や技術的なむずかしさはありますが、地熱発電は化石燃料を使わない発電方式として研究開発が進められています。

ねえ
何してるの!?
マグマくんの熱で
おいもを焼いて、お茶を
いれようかなぁって
それ、いい考え!
ほかにも
いろいろできそう
えっ!?
ま、まあ別に
いいけど?

こんなに簡単にはいかないけれど、
地熱はとてもいいエネルギー!

火山が鉱床をつくり出す

マグマから分離した水や、マグマに温められた地下の熱水にはさまざまな元素が溶け込んでいます。そうした熱水の温度や圧力が下がると、溶けていた元素が鉱物として析出《せきしゅつ》します。有用な鉱物が集まってできると、鉱床となります。

熱水鉱床として有名なものは、金や銀でしょう。世界遺産である島根県の石見銀山《いわみぎんざん》は中世に盛んに採掘された日本有数の銀鉱山です。この銀鉱石は、およそ100万年前に近くにある大江高山《おおえたかやま》火山群のマグマから発生した熱水によってできたと考えられています。現在も採掘されている鹿児島県の菱刈《ひしかり》鉱山や薩摩半島の金鉱山も、北薩や南薩の火山群の活動によって発生した熱水から沈殿した鉱床です。

海底に噴出した高温の熱水は急に冷やされるので、さまざまな金属鉱物が沈殿します。これが地層となって露出したものは黒鉱《くろこう》として知られていて、亜鉛や銅などの鉱床として東北地方で盛んに採掘されていました。

そのほか、マグマから直接結晶化した鉱物が沈殿して集まってできたクロムやニッケル、白金の鉱床や、マグマとまわりの岩石との化学反応でできた鉱床も知られています。こうして、私たちの生活に欠かせない金属元素のほとんどは、マグマと熱水の活動によってつくられた鉱床から取り出されています。いま採掘されている鉱床は地質時代にできた古いものですが、火山国日本のどこかではいまも火山の地下で新しい鉱床がつくられているに違いありません。

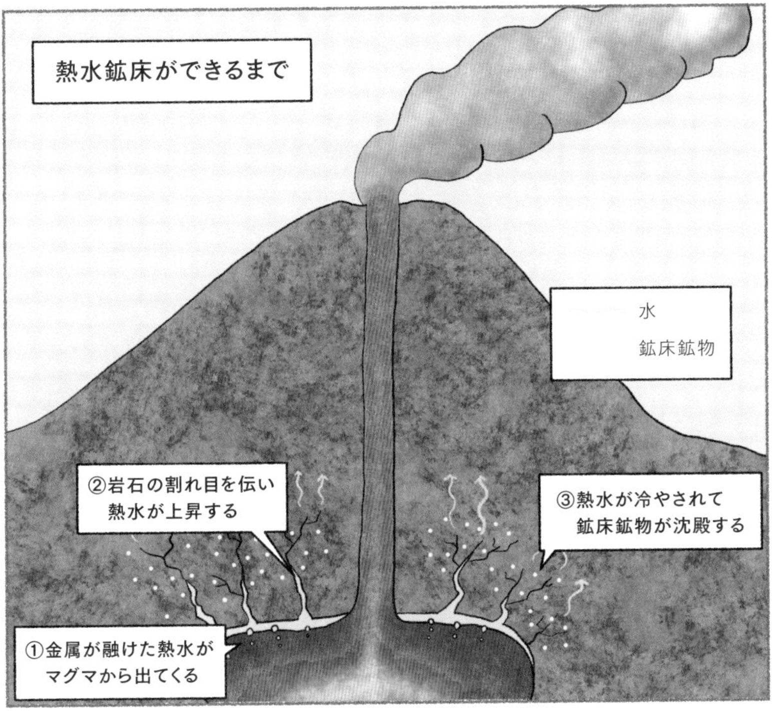
熱水鉱床ができるまで
水
鉱床鉱物
②岩石の割れ目を伝い
熱水が上昇する
③熱水が冷やされて
鉱床鉱物が沈殿する
①金属が融けた熱水が
マグマから出てくる

火山の地下では
噴火のないときにも
鉱床がつくられているよ
GOLD

54

火山のすてきな恵み“温泉”

温泉は昔から人々に利用されてきた火山の恵みです。ほとんどの温泉は、マグマから分離した火山ガスが地下水に混ざり温められた地下水が湧き出したものです。

人間がいつごろから温泉を利用するようになったかはわかりませんが、温かい湧き水は原始時代から使われていたに違いありません。多くの火山が分布するイタリア半島は温泉も豊富です。紀元前後に栄えたローマ帝国の人々は風呂好きだったので、こうした自然に湧き出す温泉は盛んに利用されていました。ナポリの近郊には、当時の皇帝や貴族が楽しんだ温泉施設の遺跡があちこちに残されています。いまでいう高級温泉リゾート地のようなものです。

日本でも古くから温泉は利用されてきました。徳川将軍は熱海の温泉のお湯を江戸まで運ばせて温泉を楽しんでいたそうです。日本各地には有名な温泉地がたくさんありますが、その多くは活火山の麓《ふもと》にあります。東日本の温泉の代表ともいわれる草津温泉は草津白根火山から湧き出しています。九州の別府温泉や由布温泉は由布・鶴見火山の地熱でつくられた温泉です。箱根温泉は、箱根火山のカルデラの中にありますね。

でも、日本を代表する火山である富士山には目立った温泉がありません。富士山のような新しい火山は火山の中に地下水が溜まらずにしみ込んでしまうことと、いまは浅いところにマグマがいないので温泉の元となる火山ガスがほとんど放出されていないからです。将来、富士山でもやがて豊富な温泉が湧き出すようになるのでしょうか？

おまんじゅう
できたかな？
温泉最高！
眺めも
いいね～

きほんミニコラム

火山は水がめ

火山体は、火砕物や溶岩といった隙間の多い堆積物が積み重なってできています。そのため火山に降った雨水のほとんどは火山体の中にしみ込んでいきます。ところが、火山の土台をつくる岩盤は火山体よりも水を通しにくい地層でできていることが多いので、火山体の中をしみ込こんだ地下水はそこで留まり火山の底部に大量の地下水層をつくります。この地下水が火山の裾野から湧き出すので、火山のまわりは豊富な地下水に恵まれていることが多いのです。

阿蘇火山の麓《ふもと》に当たる熊本平野には、阿蘇火山から噴出した巨大火砕流の堆積物《たいせきぶつ》の中に大量の地下水が流れています。熊本市とその周辺ではこの火砕流堆積物から湧き出す豊富な地下水に恵まれ、70万人を超える大都市である熊本市の上水道の水源をほぼすべてこの地下水でまかなうことができるほどの水量があります。また、静岡県の三島市や沼津市も、富士山やその南にある愛鷹山《あしたかやま》・箱根山の山麓扇状地《さんろくせんじょうち》から湧き出す湧水があちこちに見られます。これら富士山麓の水道水源もまたそのほとんどが火山からの湧水を使っています。

火山からの湧水が工業を支えている例もあります。富士山の南麓の富士市とその周辺には多くの製紙工場が集まっています。紙をつくる工程では大量の水が必要なのですが、この地域では富士山からの豊富な湧水を利用できるので大規模な製紙工業が発達ました。火山に支えられた工業地帯といえるでしょう。

Chapter 7

火山の研究

さらに火山を解明したい

研究者はなぜ火山を調べるのでしょうか？　火山噴火は時として火山のまわりに大きな災害を引き起こします。こうした火山災害を防ぐには、火山がいつどのような噴火を起こすか、噴火が起きたときにはどの場所にどのような影響が起きるかを知っておかねばなりません。そのため、各地の火山ではそれぞれの火山が過去どのような活動をしていたかを調査するとともに、いまどのような活動が進行しているのかを知るためにさまざまな観測機器を取り付け火山活動のようすを調べています。

また、どのような現象が地下のマグマや熱水の動きを示しているのかを考えたり、それをどういう方法で観測すればよいのかを研究することも行われています。そして、ひとたび噴火が起これば、さまざまな観測を駆使して、その噴火がどのように続いていつ終わるのかといったことを明らかにしようとしています。火山災害を未然にふせいだり、被害を少なくしたりすることも火山の研究の大切な目的です。

その一方で、もっと火山という自然現象を理解したいという探究心も火山を調べる理由の一つです。普段の生活では、地球が活動していることを感じられることはほとんどないでしょう。でも火山噴火はそうした地球が活動していることを見ることができる数少ない現象の一つです。研究者それぞれが探究心を持って火山を調べていますが、その成果は私たち社会全体の財産となり、自然現象の理解を進めていくことになります。火山活動を通して私たちが住んでいる地球の活動を理解することは、災害から私たちの生活を守り、豊かにしていく原動力です。

このナゾを解くのはキミだ～♪

火山の魅力にはまると、調べずにはいられません

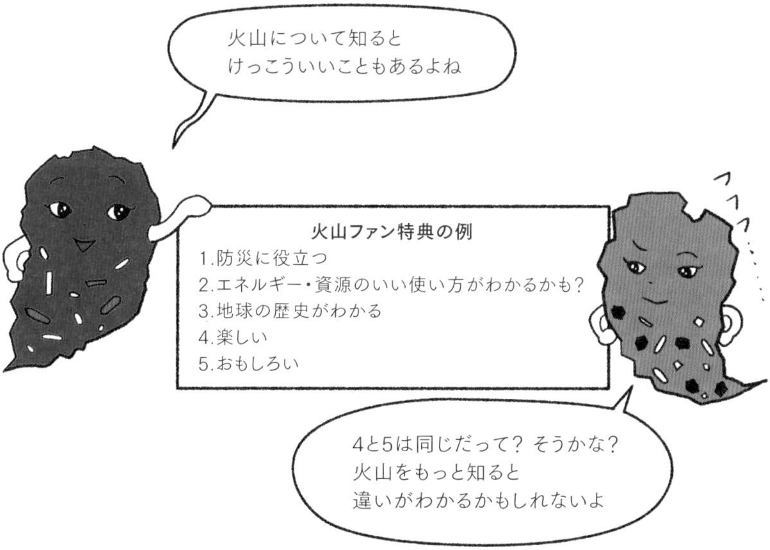
火山について知ると
けっこういいこともあるよね
火山ファン特典の例
1.防災に役立つ
2.エネルギー・資源のいい使い方がわかるかも?
3.地球の歴史がわかる
4.楽しい
5.おもしろい
4と5は同じだって? そうかな?
火山をもっと知ると
違いがわかるかもしれないよ

56

火山への
さまざまなアプローチ

火山は実に複雑な自然現象です。そのため、火山を調べる方法もさまざまです。火山の調査研究はおもに３つに分けられるでしょう。一つ目は、現在起こっている火山活動を知るための研究です。火山にさまざまな観測機器を設置して、地震活動や地盤変動の状況、噴出する火山ガスや火山灰などの特徴とその変化を調査します。二つ目の研究は、ある火山のこれまでの活動にはどのような特徴があるのかを知るための研究です。そのためには、過去の噴火で噴出した火山灰や溶岩といった噴出物の特徴を調べたり、いつの時代に噴火したのかを知るための年代を測定したりします。三つ目は、噴出したマグマの特徴からマグマの性質を明らかにして地下のマグマの活動を探る研究です。マグマが固まった岩石を調べたり、マグマから分離した火山ガスの特徴を解析したりして、地下のマグマの成分やそれが溜まっている温度や圧力といった条件を明らかにします。

火山活動に関連する分野と融合した研究もたくさんあります。たとえば、火山噴煙の研究は、大気の運動を観測したり解析したりする研究分野と協力して進められています。また、過去にどのような噴火が起きたかを調べる研究では、その噴火で影響を受けた遺跡の発掘を行う考古学者や、古文書を読み解く歴史学者と協力して行うこともあります。このように「火山学」はさまざまな科学分野を総合して行う研究分野なのです。

いろいろな方法でアプローチします！

少しじっと
してててね～
測るよ
チクっと
しますよ
撮りますよ～
はーい
口を
開けて

本当にいろいろな
アプローチが
あります。たとえば、
衛星を使った調査！
遠くから見る
火山もいいね～

噴火の予測

マグマが地下で上昇し、地表に到達すると噴火が起こります。地下の岩盤の中をマグマが上昇すると、マグマの持つ圧力で周辺の岩盤が押し広げられます。そのとき、高い圧力で押し広げられた岩盤が破断して、小さな地震が発生します。また、地下の岩盤の変形は、地表まで伝わって地盤変動を起こします。こうした火山で発生する微小な地震や地盤変動がどこでどのように起きているかを精密に測定することで、地下のマグマの動きをとらえることができます。浅いところまでマグマが上昇してくると、マグマから分離した火山ガスが先行して地表に噴出したりすることもあるので、そうした変化をとらえることも噴火の予測には重要です。

一方、地下の熱水が突然沸騰し噴出することで引き起こされる水蒸気噴火の予測はより困難です。マグマに比べて熱水は粘性が低いので、周辺の岩石をそれほど大きく変形させることなく狭い割れ目を伝って急速に熱水が上昇することができます。岩盤の変形が小さいと、熱水の上昇によって発生する地震や地盤変動のシグナルはより小さく、また狭い範囲にしか起こらなくなります。そのため、水蒸気噴火の予兆をとらえることは、マグマが噴出する噴火に比べてずっとむずかしいのです。

地下のマグマの動きをとらえることで、噴火が始まることを予測することはできるようになってきました。しかし、いったん始まった噴火がどのような推移をたどり、いつ終わるのかを予測することはまだうまくいっていません。地下のマグマの動きを予測することはまだ手探り状態なのです。

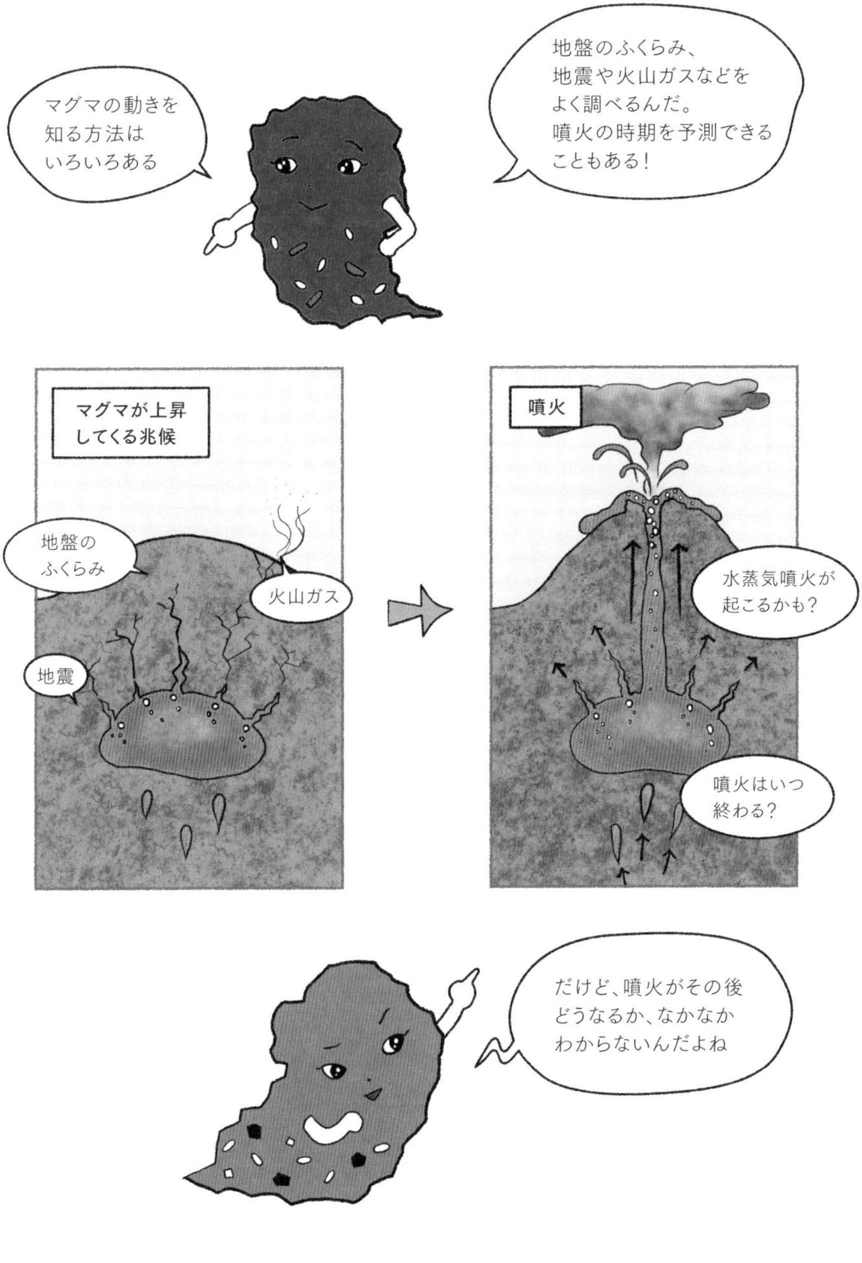

マグマの動きを
知る方法は
いろいろある
地盤のふくらみ、
地震や火山ガスなどを
よく調べるんだ。
噴火の時期を予測できる
こともある!
マグマが上昇
してくる兆候
地盤の
ふくらみ
火山ガス
地震
噴火
水蒸気噴火が
起こるかも?
噴火はいつ
終わる?
だけど、噴火がその後
どうなるか、なかなか
わからないんだよね

58

噴火警戒レベルとハザードマップ

活火山は何度も噴火を繰り返している火山です。でもその噴火の間隔は長いときには何百年、何千年もあるので、いまはおとなしくしている火山のまわりで、どこにどんな災害が起きる危険性があるのかを知ることはなかなかむずかしいことです。そこで昔の噴火の様子を記録した資料を調べたり、これまでの噴火でできた地層の特徴や広がりを調べたりして、かつてその火山がどこでどんな噴火を起こし、その噴火がどこにどのような災害をおよぼしたかを専門家が明らかにしていきます。その情報を基に、特徴が似ているほかの火山の噴火災害の特徴なども参考にしながら、その火山で将来噴火が起こったときにどんな種類の火山災害がどこに起きそうかを地図にまとめます。これがハザードマップです。

こうしてつくられたハザードマップを読むことで、噴火が起こる場所や噴火の規模などによってどのような災害が起きそうか、危険な場所はどこかを知ることができます。火山の活動がおとなしいときには一見安全に見えるところでも、火山が活発化して噴火が起こったときには災害に襲われることもあります。そうした危険性をあらかじめ知っておくことで、そこに家を建てたり大事な施設をつくることを避けたり、また噴火が起こったときに速やかにそこから避難することができるようになります。

ハザードマップは，火山噴火だけではなく洪水や津波などさまざまな自然災害を対象としたものもつくられています。またハザードマップにはいざ災害が起こったときの避難経路や避難場所などの情報も盛り込まれています。皆さんの住んでいるところにはどのようなハザードマップがつくられているか、いちど確かめておくとよいでしょう。

噴火に備えるって
何をしたらいい?
ま、まずは
情報収集かな?
こうういう地図
とかさ……
○○年×月
■■山マップ
注意
エリア
ギョッ
びっくりして
煙出ちゃったよ

いろいろなハザードマップを見ておこう

活火山を観察してみよう

噴火を繰り返している日本の活火山の代表格は鹿児島県の桜島でしょう。桜島では1955年以来60年以上もの間、絶えずマグマが山頂火口の地下に上昇してきて小規模な噴火を続けています。現在続いている噴火は桜島の歴史の中ではごく小規模なものとはいえ、強い爆発が起きると火口から2 kmぐらいまでは大きな岩塊《がんかい》が吹き飛ばされることがあります。また上空に吹き上げられた細かな火山灰は桜島の中だけではなく対岸の鹿児島市や垂水《たるみず》市にも降り注ぎます。降り注ぐ火山灰は確かに困りものではありますが、噴煙を噴き上げる桜島の雄大な姿は鹿児島のシンボルとして地元の人々にも訪問者にも広く親しまれています。桜島では現在の規模の噴火に対するさまざまな防災対策がとれられているので比較的安全に火山を観察することができます。鹿児島を訪れることがあったらぜひ桜島の火山の迫力を体験してみてください。運が良ければ桜島も噴煙を上げて歓迎してくれるかもしれません。

熊本県の阿蘇山も噴火を繰り返す活火山です。活動が穏やかなときには中岳の火口のすぐそばまで一般の人が立ち入って噴煙が噴出する火口の内部をのぞくこともできます。もちろん、常に火山活動に注意し、また有毒な火山ガスに対する備えも必要です。活動が活発化したときには火口付近に立ち入ることはできませんが、火口に近づかなくても立ち上る噴煙や火山灰に覆われた火口周辺の荒涼とした風景など活発な活火山の営みを体感することができるでしょう。

噴火を繰り返す活火山に不用意に近づくことは危険ですが、桜島や阿蘇山などでは、安全に火山に接することができるさまざまな対策や工夫がとられています。皆さんもぜひ地球が生きていることを体験しに活火山を訪れてはいかがでしょう。

活火山を見に行こう！

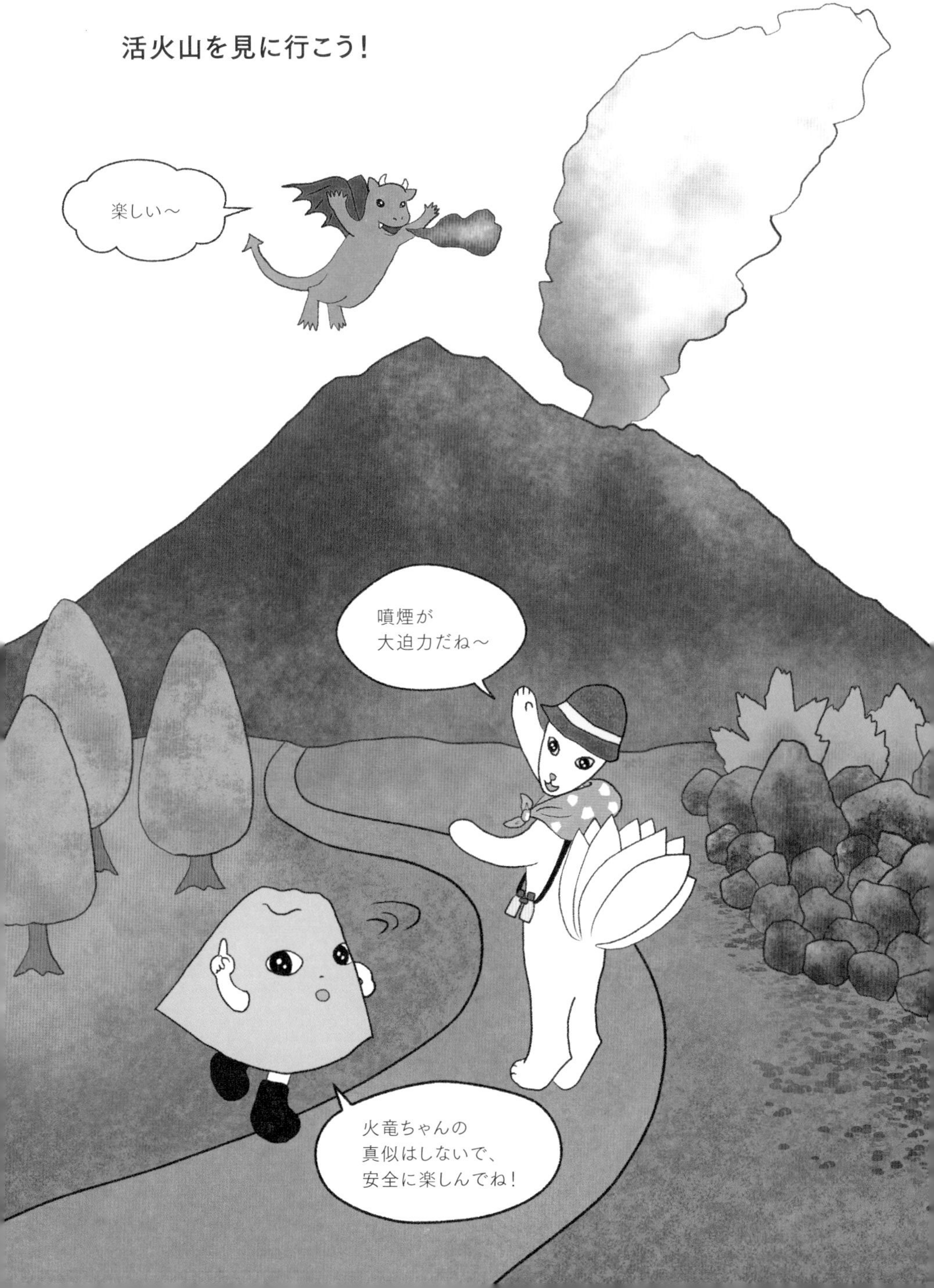
楽しい～
噴煙が大迫力だね～
火竜ちゃんの真似はしないで、安全に楽しんでね！

60 火山博物館や ジオパークへ行こう！

　火山のことをもっと詳しく知りたいと思ったら、火山の近くにある自然博物館や国立公園などのビジターセンターを訪れるのもよいでしょう。国内の多くの火山地域は日本ジオパークや世界ジオパークに認定され、火山活動に関係するさまざまな現象を観察できるジオサイトが整備されています。なかには専門のガイドが案内してくれる場所もあります。こうした場所では、それぞれの火山の特徴や噴火の歴史のほか、火山活動と密接に関係した火山周辺の環境や、あるいは火山を取り巻いて暮らす人々と火山との関わりについて学ぶことができます。

　火山の活動はときには激しい災害をもたらしますが、火山がつくる地形や地質、あるいは繰り返される噴火活動の影響を受けながら、その地域の植生などの自然環境が形づくられていることを知ることができます。また、そうした環境を利用して、火山周辺の人々の生活があることもまた理解することができるでしょう。

ジオパークで、火山の
絶景・奇景めぐりは
したいよね
噴火の映像に模型に、
地底探検体験だって！
博物館も行きたい！
興奮しすぎて
博物館で火を
吹かないでね
ガイド

ユネスコ世界ジオパーク

日本ジオパーク

（名称に※がついているものは、火山に関係が深いジオパーク）

1 白滝※
2 十勝岳※
3 三笠
4 とかち鹿追※
5 洞爺湖有珠山※
6 アポイ岳
7 下北※
8 八峰白神
9 男鹿半島・大潟※
10 三陸
11 鳥海山・飛島※
12 ゆざわ※
13 栗駒山麓
14 磐梯山※
15 佐渡
16 浅間山北麓※
17 下仁田
18 ジオパーク秩父
19 筑波山地域
20 銚子
21 箱根※
22 伊豆大島※
23 伊豆半島※
24 糸魚川
25 苗場山山麓
26 立山黒部※
27 南アルプス（中央構造線エリア）
28 白山手取川
29 恐竜渓谷ふくい勝山
30 南紀熊野※
31 山陰海岸※
32 隠岐※
33 島根半島・宍道湖中海
34 萩※
35 Mine秋吉台
36 四国西予
37 室戸
38 土佐清水
39 島原半島※
40 五島列島※（下五島エリア）
41 阿蘇※
42 おおいた姫島※
43 おおいた豊後大野※
44 霧島※
45 桜島・錦江湾※
46 三島村・鬼界カルデラ※

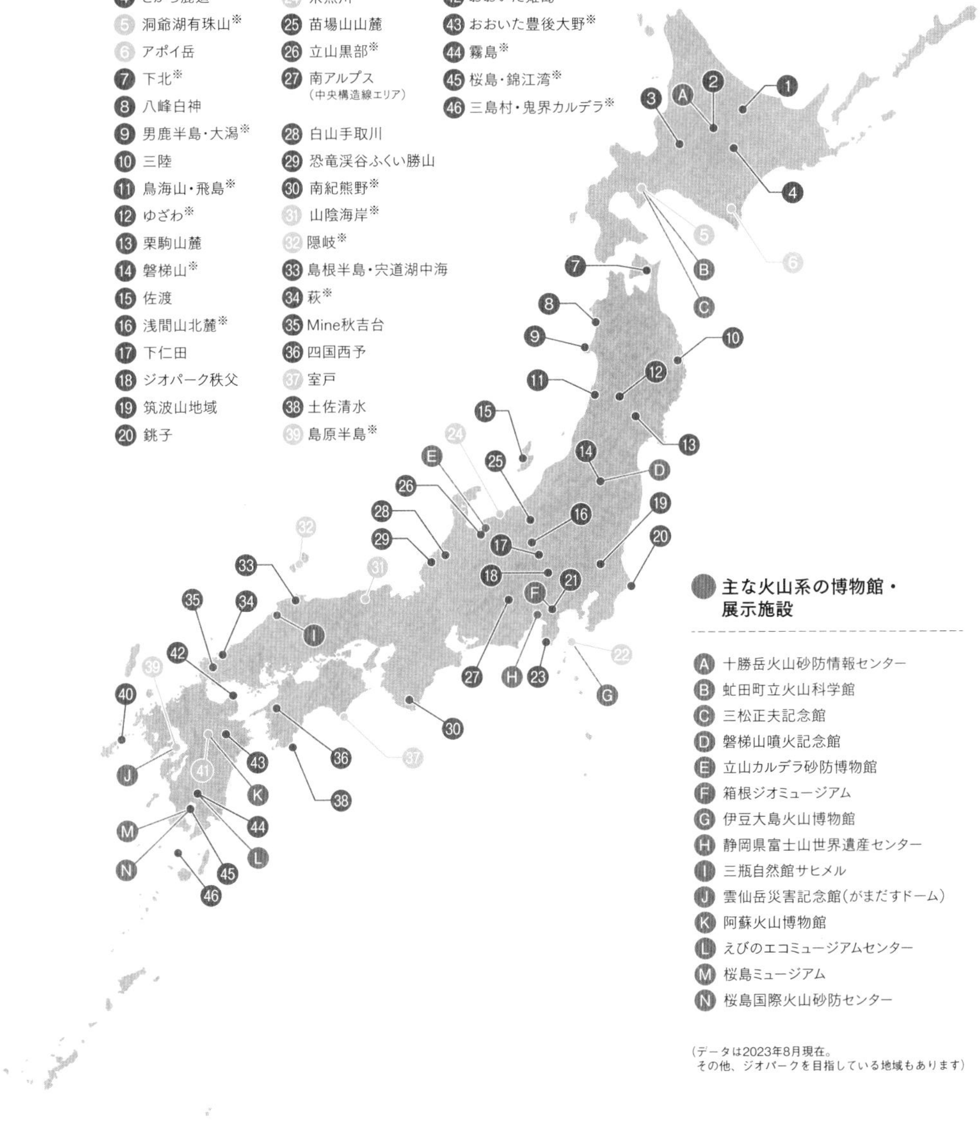

主な火山系の博物館・展示施設

A 十勝岳火山砂防情報センター
B 虻田町立火山科学館
C 三松正夫記念館
D 磐梯山噴火記念館
E 立山カルデラ砂防博物館
F 箱根ジオミュージアム
G 伊豆大島火山博物館
H 静岡県富士山世界遺産センター
I 三瓶自然館サヒメル
J 雲仙岳災害記念館（がまだすドーム）
K 阿蘇火山博物館
L えびのエコミュージアムセンター
M 桜島ミュージアム
N 桜島国際火山砂防センター

（データは2023年8月現在。
その他、ジオパークを目指している地域もあります）

噴火から身をまもるには

噴火の災害は、大きく分けると流れてくるものと降ってくるものが引き起こす災害です。火口から流れ出る溶岩はそのスピードは比較的ゆっくりですが、溶岩に覆われた場所にあるあらゆるものは完全に破壊されてしまいます。火砕流はもっと速いスピードで流れ下るので、発生してから逃れることは困難です。火山体が大きく崩れる山体崩壊もまた高速で流れ下り、通り道にあるものすべてを破壊して埋没させてしまいます。これらの現象に対しては人間はなすすべもありません。災害を予測して事前に危険地帯から離れているしかありません。

爆発噴火のときにはさまざまな大きさの火砕物が空中に吹き上げられ、やがて落下してきます。火口から飛び出した大きな岩塊《がんかい》は、時速数100 km の速度で火口から数 km まで降り注ぐことがあります。火口から噴き上がった噴煙にはもう少し小さなこぶし大の岩塊も含まれていて、それが上空高くから高速で落下してきます。こうしたものの直撃から身を守るためにも、やはり爆発が起きる前に危険地帯から離れているしかありません。もう少し細かい火山灰は直撃してもけがをすることはありませんが、大量の火山灰が降り積もればその重みで建物が押しつぶされてしまうことがあります。たくさんの火山灰が道路に降り積もると自動車は走ることができません。また空中を漂う細かな火山灰によって見通しがきかなくなり、また濃い噴煙に覆われると日光が完全にさえぎられ暗闇となってしまいます。火山灰を吸い込んだり目に入ったりすることを防ぐマスクやゴーグルが必要です。

火山の噴火のパワーは絶大です。人間が巻き込まれたらひとたまりもありません。噴火から身を守るためには、火山の様子をよく見極め、火山が活発なときには近づかない。避難することが何よりも大切なのです。

やっぱり
かぶとと盾は
役に立つんじゃ
ない？
ま、まあね……
でも、危険な場所から
すぐに離れることが
いちばん大事だよ
あと、槍は
いらないんじゃ？

情報を集めて、
危険なところ
へは入らない
ゴーグルやマスク、帽子は
火山灰から身を守るのに
役立つよ
噴火に遭遇したら、
とにかく避難。
危険地帯から少し
でも早く逃げよう

活火山の近くにいくときは、まず火山の様子を確かめよう

おわりに

地球が生きているシンボルのような火山。でも同時に火山噴火は深刻な災害を引き起こし、ひとびとはそれに苦しめられてきました。火山災害をどのようにして防いでいくかということは火山の周辺に暮らす私たちにとってとても重要な課題で、火山学もそれに応えるために発達してきました。でも火山を危ないものとして遠ざけ、いま目の前に起こっている現象だけを見て防災をしようとしても、さまざまに変化する火山活動に対してうまく対応できません。どうして火山噴火は起きるのか、私たちが火山噴火やそれを駆動する地球の活動のしくみに目を向けてそれを理解することによって、さまざまな火山の災害を防ぐ新たな知恵も生まれてくるのです。この本では、火山防災のためにも、まずは自然現象としての火山やそれを動かしている地球全体の活動に興味を持ち、そのしくみを知ることが大切だと考え、あえて過去に起こった火山災害や将来の火山災害にどのように備え対応するのかについてはあまり触れませんでした。まず、火山という自然現象に興味を持ってもらえたら、今度は火山災害や火山防災についても学んでもらえればと思います。

火山学だけではなく、研究というものはみんなで知恵を出しあって進めていくものです。本書をつくるにあたっても、これまで一緒に研究をしてきた研究者のみなさん、日本にいる人も外国にいる人からも、教えていただいたことがとても役立ちました。みなさんも、自然をしらべて何か新しいことを見つけてみませんか。

下司信夫

参考文献

【火山ってなんだろうと思う人には】

火山はめざめる　はぎわらふぐ（作） 早川由紀夫（監修） 福音館書店

たくさんのふしぎ傑作集　桜島の赤い火　宮武健仁（著） 福音館書店

火山とくらす　火山の国に生きる　井口正人（監修）、宮武健仁（写真・文） くもん出版

【火山と地球のしくみを知りたい人には】

日本列島大地まるごと大研究 3　火山の大研究　藤井敏嗣（監修）、吉田忠正（著） ポプラ社

火山のしくみパーフェクトガイド　高橋正樹（著） 誠文堂新光社

子供の科学・サイエンスブックス　よくわかる火山のしくみ　高橋正樹（著） 誠文堂新光社

火山の科学 (おもしろサイエンス)　西川有司（著） 日刊工業新聞社

【どんな火山が日本や世界にあるか見てみたい人には】

日本の火山図鑑　高橋正樹（著） 誠文堂新光社

カラー図鑑日本の火山　高田亮（監修） ナツメ社

知っておきたい 日本の火山図鑑　林信太郎（監修・著） 小峰書店

世界の火山百科図鑑　マウロ・ロッシ他　日本火山の会（訳） 柊風舎

火山全景　白尾元理（写真）、下司信夫（解説） 誠文堂新光社

【もうちょっと詳しく火山を学びたい人には】

富士山はいつ噴火するのか? ――火山のしくみとその不思議　萬年一剛（著）
　ちくまプリマー新書

火山学 ハンス - ウルリッヒ・シュミンケ（著） 古今書院

火山　地球の脈動と人との関わり　藤井敏嗣（著） 丸善出版

【参考になるウェブサイト】

気象庁ウェブサイト （https://www.jma.go.jp/jma/）

スミソニアン自然史博物館　Global Volcanism Program (https://volcano.si.edu/)

（写真提供）

p.027　月：白尾元理　オリンポス山：（左）NASA/JPL/University of Arizona、（右）NASA/Corbis　イオ：NASA/JPL/USGS

下司信夫（げし のぶお）
火山地質学者。産業技術総合研究所地質調査総合センター 活断層・火山研究部門。主な著作に「火山全景（誠文堂新光社）」「日本の地形・地質（文一総合出版）」がある。

斎藤雨梟（さいとう うきょう）
イラストレーター・画家。主な著作に「ふしぎなトラのトランク」（鈴木出版）「マンガかんきょう玉手箱」（パイオニア株式会社web）がある。書籍・学校教科書・webなどでイラストを担当する傍ら個展・グループ展でも作品を発表中。
http://ukyo.tokyo/

装丁・デザイン　佐藤アキラ

やさしいイラストでしっかりわかる
マグマってなんだろう？ 噴火《ふんか》はなぜ起《お》きる？
地球《ちきゅう》の活動《かつどう》を読《よ》み解《と》く火山《かざん》の話《はなし》

火山《かざん》のきほん

2023年 9 月18日　発　行　　NDC453.8

著　　者　下司《げし》信夫《のぶお》・斎藤《さいとう》雨梟《うきょう》
発 行 者　小川雄一
発 行 所　株式会社 誠文堂新光社
〒113-0033 東京都文京区本郷3-3-11
電話 03-5800-5780
https://www.seibundo-shinkosha.net/
印 刷 所　株式会社 大熊整美堂
製 本 所　和光堂 株式会社

ISBN978-4-416-52329-2